周蓓 主編

『民國專題史』叢書

李儼 著

河南人民出版社

中國算學史

本書是一部近代數學史專著，共分十章，將中國算學史分爲五期：上古期（黄帝至周秦）、中古期（漢至隋）、近古期（唐至宋元）、近世期（明至清初）和最近世期（清中葉至清末）

圖書在版編目(CIP)數據

中國算學史 / 李儼著. —鄭州 : 河南人民出版社, 2016. 10
(民國專題史叢書 / 周蓓主編)
ISBN 978-7-215-10454-9

Ⅰ. ①中… Ⅱ. ①李… Ⅲ. ①古算經-數學史-中國 Ⅳ. ①O112

中國版本圖書館CIP數據核字(2016)第256603號

河南人民出版社出版發行
(地址:鄭州市經五路66號 郵政編碼:450002 電話:65788063)
新華書店經銷 河南新華印刷集團有限公司印刷
開本 710毫米×1000毫米 1/16 印張 19.25
字數 172千字
2016年10月第1版 2017年1月第1次印刷

定價 : 124.00圓

出版前言

中國現代學術體系是在晚清西學東漸的大潮中逐步形成的。至民國初建，中央政治權威進一步分散和削弱，加之新文化運動帶給國人思想上的空前解放，新學的啓蒙，新知識分子的産生，民國學術如草長鶯飛，進入一個自由而蓬勃的時代。中國傳統學科乃中國學術之根基與菁華所在，民國學人采用“取今復古，别立新宗”之方法，引入西方的學術觀念，積極改造，使史學、文學等學科向現代學術方向轉型。此外，大力推介西方社會科學的新學科和自然科學，在學習、借鑒乃至移植西方現代學術話語和研究範式的過程中，逐漸建立中國現代學科，使中國的學科門類迅速擴展。一時間，新舊更迭，中西交流，百花齊放，萬壑争流，開創了中國現代學術的源頭。

伴隨知識轉型和研究範式轉换而來的，還有學術著作撰寫方式的創新。中國古代的著作向來以單篇流傳，經後人整理匯編後，方以成册成集的面目出現并持續傳播。直到十九世紀末，東西方的歷史編撰體裁不外乎多卷本的編年體、紀傳體和紀事本末體等，章節體的出現標志着近代西方學術規範的産生和新史學的興起。章節體具有依時間順序，按章節編排；因事立題，分篇綜論；既分門别類，又綜合通貫的特點。以章、節搭建起論述之框架，結構分明，邏輯清晰，較傳統的撰寫體裁容量大、系統性强。它的傳入，使中國現代學術體系從内容到形式被納入了全球化的軌道。民國時期專題史的研究、譯介、編纂、出版恰恰是在這樣的背景下欣欣而發，是學術的實驗場，也是歷史的記録儀。編選“民國專題史”叢書的初衷正是爲了從一個側面展示中國學術從傳統向現代過渡的歷史進程。

專題史是對一個學科歷史的總結，是學科入門的必備和學科研究的基礎，也是對一個時代艱深新鋭問題的解答，是學術研究的高點。民國專題史著作中，既包含通論某一學科全部或一時代（區域、國别）的變化過程的，又囊括對一時代或一問題作特殊研究的，還有少部分是對某一專題的史料進行收集的。原創與翻譯并重，翻譯的底本大多選擇該學科的代表著作或歐美大學普及教本，兼顧權威性和流行性，其中日本學者的論著占據了相當比重。日本與中國同屬東亞儒家文化圈，他們在接納西方學術思想和研究模式時，已作了某種消化與調適，從思維轉换的角度看，更便于中國借鑒和利用，他們的著作因而被時人廣泛引進。

與當代學術研究日趨專業化、專門化、專家化的“窄化”道路迥乎不同的是，中國傳統學術崇尚“學問主通不主專，貴通人不尚專家”的通識型治學門徑，處于過渡轉型期的民國學術在不同程度上保留了這種特徵。民國學術大師諸學科貫通一脉、上千年縱横捭闔之功力自不待冗言，外交家著倫理政治史、文學家著哲學史、化學家著戰争史等亦不乏其人，民國專題史研究呈現出開放、融通、跨界撰述的特點。與此同時必須看到，自晚清以來，中國的命運就在外侮屢犯、内亂頻仍的窘境中跌宕彷徨，民族存亡仿若命懸一綫。這股以創建學科、總結經驗、解决問題爲指歸的專題史出版風潮背後，包裹着民國學人企望以西學爲工具拯民族于衰微的探索精神，及以學術救亡的愛國之心。梁任公曾言：“史學者，學問之最博大而最切要者也，國民之明鏡也，愛國心之源泉也。”這種位卑未敢忘憂國的歷史使命感和國民意識是今人無法漠視和遺忘的。

“民國專題史”叢書收録的範圍包括現代各個學科，不僅限于人文社會科學，學科分類以“民國總書目”的分科爲標準，計有哲學、宗教、社會、政治、法律、軍事、經濟、文化、藝術、教育、語言文字、中國文學、外國文學、中國歷史、西方史、自然科學、醫學、工業、交通共19個學科門類。本叢書分輯整理出版，内不分科，單本發行，方便讀者按需索驥。既可作爲大專院校圖書館、學術研究機構館藏之必備資源，也可滿足個人研讀或興趣之收藏。

與目前市場已有的一些專題史叢書相比，“民國專題史”叢書具有規模大、學科全、選本精、原版影印的特點。本叢書選目首重作者的首創、權威和著作影響力，尤其注重選本的稀見性。所謂稀見，即建國後没有再版，且多數圖書館没有收藏，或即便有收藏，也是歸于非公開的珍本之列予以保存，普通讀者難以借閲。部分圖書雖有電子版，但作爲學術研究的經典原著讀本，紙質版本更利于記憶和研究之用。本叢書精揀版本最早、品相最佳的原版圖書作爲底本，因而還具有很高的版本收藏價值。

“民國專題史”的著作是民國學者對于那個時代諸問題之探究，往往有獨到之處，無論其資料、觀點短長得失如何，要之在中國現代學術史的構建與發展進程中，自有其開宗立論之地位。

序

民國二十五年一月商務印書館王雲五先生，囑以十萬言，編著「中國算學史」一書。查前編中國數學大綱上册，中國算學小史，中算史論叢第一册，第二册，第三册各書，前者在民國十七年二月編成，後者在民國二十三年二月編成。而年來此項中算史料時有所獲。根據新史料編著一部中册中國算學史，甚屬必要，因即着手編輯，今已成稿。中間材料插圖之徵集，曾經北平國立北平圖書館袁同禮，南京江蘇國學圖書館柳詒徵，長安陝西省立第一圖書館張知道，北平研究院徐炳昶諸先生，法國巴黎國立圖書館，杭州浙江省立圖書館，上海中國科學社圖書館；日本三上義夫小倉金之助兩先生，及王重民，鄧衍林，孫文青，章用諸先生之助。全稿并由章用君校訂一過，甚爲感謝。至史料根據，已見於前所編著各書，及單篇論文之載於各雜誌者，則爲節省篇幅起見，不多贅錄。一方另附插圖，以臻興會。而全書誤記失錄之處，在所不免，尚望讀者指政是幸。

中華民國二十五年九月李儼序於長安(西安)。

目　次

第一章　第一　上古期

第二章　第二　中古期

第三章 第三 近古期

第四章　印度曆算之輸入

第五章　天元術

第六章 宋元算學

第七章　第四　近世期

第八章　珠算術

第九章　西洋曆算之輸入

第十章 第五 最近世期

中國算學史

第一章

第一 上古期

1. 緒言 中國算學史,自遠古迄清末,可分爲五期:第一,上古期,自黃帝至周秦,約當公元前二七〇〇年,迄公元前二〇〇年;第二,中古期,自漢至隋,約當公元前二〇〇年,迄公元後六〇〇年,第三,近古期,自唐至宋元,約當公元後六〇〇年,迄一三六七年,第四,近世期,自明初至清初,約當公元後一三六七年,迄一七五〇年,第五,最近世期,自清中葉迄清末,約當公元後一七五〇年,迄一九一二年.

2. 結繩 兹先述上古算學.上古之初,未有文字,先以「結繩」爲記.易繫辭云:「上古結繩而治,後世聖人,易之以書契」.莊子胠篋篇云:「昔者容成氏,大庭氏,伯皇氏,中央氏,栗陸氏,驪畜氏,軒轅氏,赫胥氏,尊盧氏,伏羲氏,神農氏,當是時也,民結繩而用之」.莊子爲哲理學家,昧於史實,其所臚列諸氏,尙待考證,而上古已有結繩之制,則無可疑.前此日本能登駿河二

國，在德川時代，及今日北美土人，西藏琉球土人，與邊地苗民，尚有用之者，

3. 數字 結繩之後，繼之以書契．釋名云：「契，刻也，刻識其數也」．書契之作，今日可考者，實始於殷代．殷代甲骨文字，及周秦吉金款識，今尚可讀．茲以殷之甲骨文，周秦之金文，及東漢許慎之說文中數字，并列如下，用觀上古數字演變之跡．

	一，	二，	三，	四，	五，	六，	七，	八，	九，	十．
殷甲骨文，	一；	二；	三；	亖；	㐅；	∧，∩；	十；	)(；	ㄎ；	|；
周秦金文，	一；	二；	三；	亖；	☰，㐅；	介；	十；	)(；	九；	十；
許慎說文，	一；	二；	三；	㊂；	㐅；	宂；	ㄎ；	)(；	九；	十．

4. 黃帝作數 上古有黃帝隸首作數，此說始於春秋戰國間之世本．世本稱：「隸首造數」，一作：「隸首作數」，一作：「黃帝時隸首作數」．至唐釋法琳辨正論注引鄭玄六藝論云：「隸首作算數」，宋范曄後漢書卷十一云：「隸首作數」，似并本世本之說也．其在算經，則漢徐岳數術記遺云：「隸首注術，乃有多數」，又謂：「黃帝爲法，數有十等，及其用也，乃有三焉」．後周甄鸞五經算術亦謂：「黃帝爲法，數有十等，及其用也，乃有三焉」．

5. 規矩 上古應用規矩二器，製作方圓，其源甚遠．山東嘉祥縣漢武梁祠石室造象（自公元後129迄147），有：「伏羲氏手執矩，女媧氏手執規」之象．并蛇身人面（如第一圖）．即周

第一圖 「伏羲氏手執矩，女媧氏手執規」圖

（據國立北平圖書館藏：山東嘉祥縣漢武梁祠石室造象搨片影攝）

列禦寇列子卷上黃帝第二，所謂：「庖犧氏，女媧氏，神農氏，夏后氏，蛇身人面，牛首虎鼻」也。其又一石作：「伏羲手執矩」，旁記：「伏羲倉精，初造王業，畫卦結繩，以理海內.」一行（如第二圖）。蓋漢人據傳說，以規矩二器，爲伏羲所製定也。(註一) 一說以爲倕所製。漢王符潛夫論卷一，讚學第一，稱：「昔倕之巧，目茂圓方，心定平直，又造規，繩，矩，墨以誨後人.」，至春秋時人，周時人，論述規矩者，書不勝記。(註二) 故幾何圖案之作品，自上古至漢到處可見。近在殷墟掘得之車軸，其飾物有作五邊形，遞至九邊形者。寶雞鬬雞臺出土之陶器，西安出土之漢磚，亦多以線條交錯，組成幾何圖案（如第三圖及第四圖）。

(註一) 金石索：石索四，碑碣四，武氏左石室畫像十石：左石四作：「伏羲氏手執矩，女媧氏手執規」，金石志則僅稱：一人執矩向右，一婦人執器向左．又金石索石索三，武氏後石室畫像十石：後石五，亦作：「伏羲氏手執矩，女媧氏手執規」，惟左右易位．又同卷內漢武梁石室畫像一，作：「伏羲手執矩」，題云：「伏戲倉精，初造王業，畫封結繩，以理海內」．

(註二) 宋墨翟墨子卷七，天志上，第二十六：「輪匠執其規矩，以度天下之方圓」、孟子卷四，離婁章句上，「孟子曰：離婁之明，公輸子之巧，不以規矩，不能成方圓」，孟子卷七，盡心章句上：「孟子曰：梓，匠，輪，輿，能與人規矩，不能使人巧」．周荀況荀子，賦篇第二十六：「圓者中規，方者中矩」．周莊周莊子，徐無鬼第二十四：「方者中矩，圓者中規」．周韓非韓非子卷二，有度第六；「巧匠目意中繩，然必先以規矩爲度」．周禮冬官輿人：「圜者中規，方者中矩」．周尸佼尸子卷下：「古者倕爲規矩，準繩，使天下倣焉」．（太平御覽工藝部，事物紀原七，引）

第二圖　「伏羲手執矩」圖

（據國立北平圖書館藏：山東嘉祥縣漢武梁祠石室造象搨片影攝）

6.　九九　上古有九九之傳說．管子輕重戊云：「伏羲作九九之數，以應天道」．魏劉徽九章算術序（公元後 263 年）云：「包羲氏……作九九之術，以合六爻之變」．關於九九歌訣，則荀子，呂氏春秋，淮南子，戰國策，孔子家語，史記索隱，史記正義及孫子算經幷引及之．此項九九歌訣，幷以九九爲始，因稱「九九」．敦煌所遺之「九九術殘木簡」，其九九次序如次：

第三圖　陶器幾何圖案圖

(民國二十三年陝西考古會在陝西寶雞鬭雞臺發見)

「九九八十一，八九七十二，七九六十三，六九五十四，

五九卌五，　四九卅六，　二九十八；

八八六十四，七八五十六，六八卌八，　五八卌，

四八卅二，　三八廿四，　二八十六，

七七卌九，　六七卌二，　五七卅五，　四七廿八，

三七廿一，　二七十四；

六六卅六，　五六卅，　四六廿四，　三六十八，

二六十二；

五五廿五，　四五廿，　三五十五，　二五十；

四四十六，　三四十二，　二四而八；

三三而九，　二三而六；

二二而四；

第四圖　漢磚幾何圖案圖　（陝西西安漢城出土）

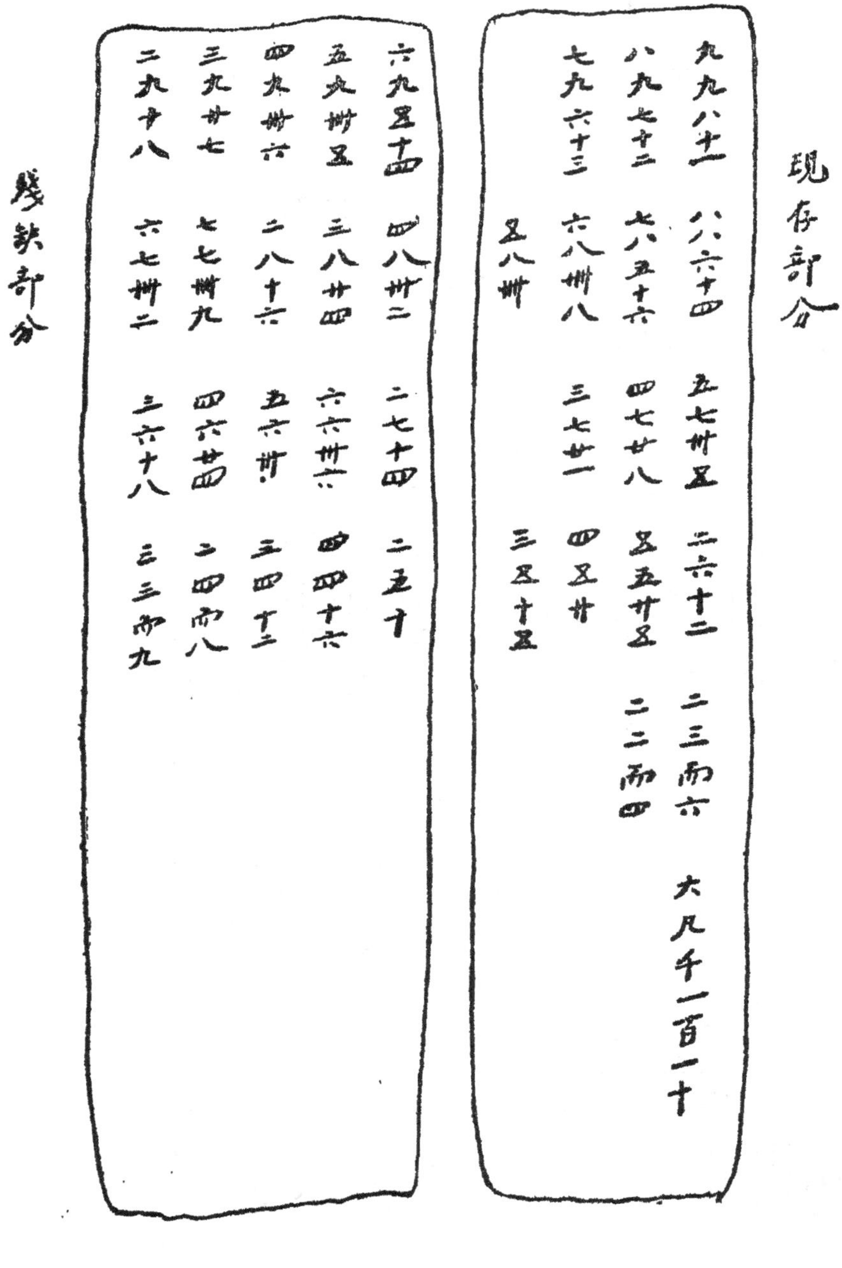

現存部分

九九八十一 八九七十二 七九六十三

八八六十四 七八五十六 六八卌八 五八卌

五七卅五 四七廿八 三七廿一

二六十二 五五廿五 四五廿 三五十五

二三而六 二二而四

大凡千一百一十

殘缺部分

六九五十四 五九卌五 四九卅六 三九廿七 二九十八

四八卅二 三八廿四 二八十六 七七卌九 六七卌二

二七十四 六六卅六 五六卅 四六廿四 三六十八

二五十 四四十六 三四十二 二四而八 三三而九

第五圖 「九九術殘木簡」圖 (據流沙墜簡卷中鈔補)

大凡千一百一十」，如第五圖.(註一)

7. 算學教育 周人於小學時期，曾注重算學教育. 內則云:「六年教之數與方名，十年出就外傳，居宿於外，學書計」. 白虎通云:「八歲毀齒，始有識知，入學，學書計」. 周禮保氏，教民六藝，六曰「九數」，漢鄭玄(字康成，公元後127—200年)釋周官保氏稱:「九數: 方田，粟米，差分，少廣，商功，均輸，方程，贏不足，旁要;今有: 重差，夕桀，句股」. 後人因周公制禮，及周髀算經託爲周公，商高問答之辭，至言:「周公作九章之法，以教天下」，(註二)如第六圖.

8. 十進記數 上古期算學，自黃帝至周秦，約當公元前二七〇〇年，迄公元前二〇〇年，前後二千五百年. 此二千五百年長時期中，除「結繩」，「九九」，「規矩」，及「黃帝作數」，「周公教數」諸傳說外，初無算數專書. 其記數則以十進. 易繫辭上:「萬有一千五百二十」，幷以十進，再進則爲億，爲兆. 周易，禮記，春秋左傳，毛詩言及「萬民」，書經言及「兆民」. 逸周書世俘篇:「凡武王俘商舊玉億有百萬」，王念孫讀書雜志卷一之二，據鈔本北堂書鈔，衣冠部二;藝文類聚，寶部上;太平御覽，珍寶

(註一) 流沙墜簡卷中，「小學術數方技書」類，第五頁，有:「九九術殘木簡」出敦煌北，長二百六十米里邁當，廣廿四米里邁當，現存十六句.

(註二) 見明萬曆三十二年(1604)刻本，黃龍吟算法指南.

部三;初學記器物部佩下,幷作:「億有八萬」,以證古代:「十萬爲億」,爲十進記數。

第五圖 「周公作九章之法,以教天下」圖

[見明刻本黄龍吟算法指南(1604),李儼藏]

第二章

第二　中古期

9. 張蒼耿壽昌　第二中古期算學，始於公元前二〇〇年，迄公元後六〇〇年。卽自漢迄隋。在此時期，國內對於算學，已有述作。漢初張蒼，耿壽昌，幷明習算法。漢高祖於統一中原後，以漢高祖六年(公元前 202 年)封張蒼爲北平侯。蒼曾著書八十篇言陰陽律曆事。耿壽昌則於漢宣帝時爲大司農中丞。「甘露二年(公元前 52 年)大司農中丞耿壽昌奏以圖儀度日月行」。(註一)又以奏設常平倉以給北邊，省轉漕；一說以造杜陵賜爵關內侯。(註二)

劉徽九章算術註序稱：「往昔暴秦焚書，經術散壞，自時厥後，

(註一)　見後漢書卷十二，律曆志第二.

(註二)　前漢書卷八，宣帝紀第八；卷二十四上，食貨志第四，稱：「五鳳四年(公元前 21 年)奏設常平倉，以給北邊，省轉漕，賜爵關內侯」.前漢書卷七十，傅常鄭甘陳段傳第四十，稱：「大司農中丞耿壽昌造杜陵，賜爵關內侯」.按前漢書卷九，元帝紀第九稱：「初元元年(公元前 48 年)春正月辛丑，孝宣皇帝葬杜陵」，似此則耿壽昌賜爵關內侯，當在初元元年矣.

漢北平侯張蒼，大司農中丞耿壽昌，皆以善算命世，蒼等因舊文之遺殘，各稱删補，故校其目，則與古或異，而所論者多近語也」，按今本九章算術方田章：畝法二百四十步，爲秦漢田制．衰分章：公士，上造，簪褭，不更，大夫，爲秦漢爵名，說見前漢書百官公卿表，及續漢志百官志．均輸章：算，傜，賦，爲漢代賦稅名義，說見史記平準書，鹽鐵論，及前漢書百官公卿表，食貨志，而長安之上林爲漢初都苑，見史記高祖本紀，及蕭何傳．唐李賢註後漢書鄭玄傳，未舉及商功，疑亦爲漢時算法，後乃納入九章算術．故劉徽以爲：「校其目，則與古或異，而所論者，多近語也」，蓋九章算術一書至漢代始經成就也．

10. 許商杜忠 漢成帝河平三年（公元前 26 年）謁者陳農使使求遺書於天下，太史令尹咸校數術，中有許商杜忠算術．

許商字長伯，長安人，治尚書，善爲算．孝武時夏侯始昌善推五行傳，以傳族子夏侯勝，下及許商，商因著有五行傳記一書．成帝時與師丹，鄭寬中，張禹同爲帝師．史稱：「許商能商功利」，因時與治河之役．建始元年（公元前 32 年）爲博士，河平三年（公元前 26 年）爲將作大匠，鴻嘉四年（公元前 17 年）爲河堤都尉，翟方進爲相，許商以附從方進，永始三年（公元前 14 年）爲引少府，元延元年（公元前 12 年）爲侍中光祿大夫，綏和元年（公元前 8 年）爲大司農，數月遷爲光祿勳．次年翟方進薨，許商

遂不聞名.漢書藝文志有許商算術二十六卷,今巳不傳.(註一)

11.　劉歆　劉歆字子駿,漢宗室劉向(公元前 77 年一公元後 6 年)子,少爲黃門郎,河平中(公元前 28—25 年),與父向領校祕書,數術方技,無所不究.哀帝崩,王莽持政,留歆爲右曹太中大夫.元始五年(公元後 5 年)爲羲和,後封紅休侯.王莽簒位.歆爲國師嘉新公.更始元年(公元後 23 年)爲莽所誅,年七十餘.歆考定律曆,著三統曆譜.班固前漢書律曆志,實本劉歆舊文.

12.　劉歆圜周率　隋書律曆志,稱:「漢嘉量:律嘉量:斛,方尺而圜其外,庣旁九釐五毫,冪百六十二寸,深尺,積千六百二十寸,容十斗」,又稱:「祖沖之以圓率考之,此斛當徑一尺四寸三分六釐一毫九秒三忽,庣旁一分九毫有奇,歆數術不精之所致也」.

蓋　$\frac{1}{2}\times 14.36193$ 寸 $=7.180965$ 寸　(半徑)

$(7.180965)^2=51.56625\ 83312\ 25$ 方寸　(半徑冪)

$\pi=3.14159265$　(祖沖之圓冪)

$10\,\pi(7.180965)^2=1620.00178\ 16137\ 77254\ 9625$

$=1620$ (立)方寸　(容積)

(註一)　見前漢書卷十九下,表第七下,百官公卿;卷二十七,中之上,志第七中之上,五行;卷二十九,志第九,溝洫;卷三十,志第十,藝文;卷六十,列傳第二十九,杜周子延年……欽;卷八十八,列傳五十八,儒林,周堪;卷一百上,傳第七十上,敘傳上.

庣旁 $=7.180965-(\sqrt{5^2+5^2}=7.071068)=0.109$ 強，即一分九毫有奇。

又按王莽銅斛，則

$$0.095+7.071068=7.166068\text{ 寸}\qquad\text{(半徑)}$$

$$(7.166068)^2=51.35253\ 05806\ 24\text{ 方寸}\qquad\text{(半徑冪)}$$

$$\pi=3.1547\qquad\text{(劉歆圓率)}$$

$$10\pi(7.166068)^2=1620.01828\ 22269\ 45328$$

$$=1620\text{(立)方寸}\qquad\text{(容積)}$$

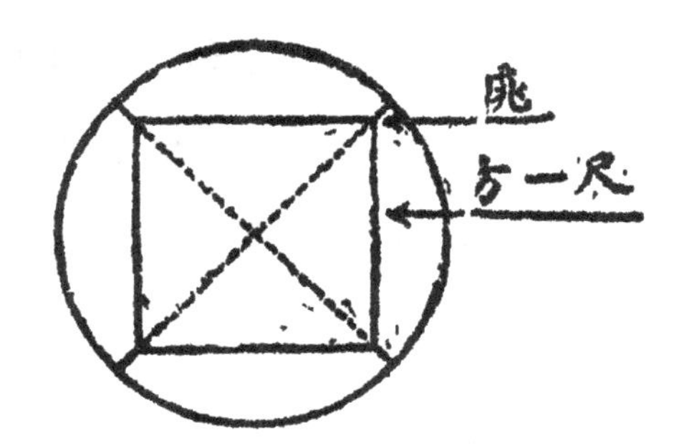

王莽銅斛謂:「龍在己巳，歲次實沈，初班天下，萬國永遵」，蓋斛成於建國元年(公元後 9 年)孟夏，歆率亦作於此時。隋書又稱:「圓周率三，圓徑率一，其術疏舛。自劉歆 (?—23)，張衡 (78—139)，劉徽 (263 時人)，王蕃 (219—257)，皮延宗 (445 時人) 之徒，各設新率，未臻折衷。」，蓋隋書因周髀算經 $\pi=3$，劉歆 $\pi=3.1547$，張衡 $\pi=\sqrt{10}$，或 $\pi=\frac{92}{29}$，劉徽 $\pi=3.14$，王蕃 $\pi=\frac{142}{45}=3.155$，皮延宗其率未詳，故以爲「各設新率，未臻折衷」，但劉歆確爲研求圓率之第一人，其功不可沒也。

13. 周髀算經 周髀算經爲國內最古算書，其言蓋天，初見於揚雄（公元前 53 年—公元後 18 年）法言重黎篇．晉書天文志稱：漢靈帝時（156—187）蔡邕（133—192）於朔方上書，言：「周髀術數具存」，隋書經籍志記周髀一卷，趙嬰註．宋本周髀算經題漢趙君卿撰，宋鮑澣之周髀算經跋稱：「趙君卿名爽，君卿其字也」．趙嬰，趙爽止是一人．因周髀算經，「八節二十四氣」，經文中有「此爽新術」一語也．但趙嬰或趙爽是否確爲漢人，則尚乏明證．

周髀算經所述算術，歸納言之，則以 $\pi=3$，以正三角形句股弦之比爲 $3:4:5$，復屢屢言及等差級數，如：七衡之直徑以 2×1 833 里 200 步遞進，二十四氣以 9 寸 9 分 $\frac{1}{6}$ 分，遞爲加減是也．其句三，股四，弦五之說，則趙君卿曾爲作證．

14. 句股方圓圖注 趙君卿句股方圓圖注，曾於幾何形，施以朱，青，黃諸色，「令出入相補，各從其類」，其後劉徽注九章算經，亦沿其法，於平面形，應用朱冪，黃冪，移補句股；於立體形，應用赤棊黑棊，以證陽馬，鼈臑諸形．其圖注中：

「趙君卿曰：句股各自乘，併之爲弦實，開方除之，卽弦也．」

令 $a=$句，$b=$股，$c=$弦，

則 $a^2+b^2=c^2$，$c=\sqrt{a^2+b^2}$．

「案弦圖，又可以句股相乘爲朱實二，倍之朱實四．以句股之差自乘爲中黃實。加差實，亦成弦實。」

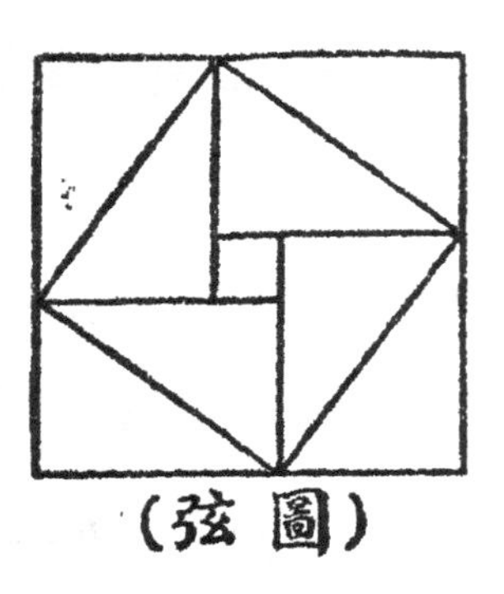

（弦　圖）

··

「倍弦實，列句股差實，見弦實者．以圖考之：倍弦實，滿外大方，而多黃實，黃實之多，卽句股差實．以差實減之，開其餘，得外大方．大方之面，卽句股幷也．令幷自乘，倍弦實，乃減之，開其餘，得中黃方．黃方之面，卽句股差」．

卽
$$2c^2-(a+b)^2=(b-a)^2$$
$$\sqrt{2c^2-(b-a)^2}=a+b=s$$
$$\sqrt{2c^2-(a+b)^2}=b-a=t$$

··

15.　九章算術　九章算術之研究，以漢代爲盛．廣韻卷四：「算」條稱：「九章術漢許商，杜忠，（吳）陳熾，魏王粲（177—217）幷善之」，前漢書律曆志錄劉歆（?—23）論「備數」云：「其法在算術，宣於天下，小學是則」，趙君卿註周髀算經卷上，於「偃矩以望高，覆矩以測深，臥矩以知遠」經文中註稱:「言施用無方，曲從其事，術在九章」，東漢以後，迄於三國，治此者日衆. 唐釋慧琳大藏音義卷六云:「劉洪(158—183 時人)有九章(一作京)算術;後漢書稱:「馬續(約 90—141 時人)善九章算術」;又稱:「鄭玄(127—200)通九章算術」; 宋李昉太平御覽卷七五四，引魏王朗塞勢云:「東萊徐(岳)先生，素習九章，能爲計數」;隋書稱: 徐岳撰有九章; 三國時吳中書令闞澤受劉洪乾象法(公元後 174 年作)於東萊徐岳; 唐徐堅(659—729) 初學記器物部引闞澤九章曰:「粟飯五十，糲飯七十，稗飯五十，糳飯四十八，御飯四十二」，據上文所舉，則漢許商，杜忠，劉歆，趙君卿，劉洪，馬續，鄭玄，徐岳; 吳闞澤，陳熾; 魏王粲諸人，幷治九章也. 至魏陳留王景元四年(公元後 263 年)儀同劉徽(註一)注九章算術，自此九章一書，乃有定本.

16. 徐岳數術記遺 數術記遺稱:「黃帝爲法，數有十等，及其用也，乃有三焉. 十等者:億，兆，京，垓，秭，壤，溝，澗，正，載. 三等者，謂上中下也，其下數者，十十變之，若言十萬曰億，十億曰兆，十兆曰京也. 中數者，萬萬變之，若言萬萬曰億，萬萬億曰兆，萬萬兆曰京也. 上數者數窮則變，若言萬萬曰億，億億曰兆，

(註一) 隋書經籍志有:「魯史欹器圖一卷，儀同劉徽注」，則劉徽在魏，曾官儀同也.

兆兆曰京也」. 又記天目先生之言曰:「隸首注術,乃有多種,及余遺忘,記憶數事而已.其一積算,其一太乙,其一兩儀,其一三才,其一五行,其一八卦,其一九宮,其一運算,其一了知,其一成數,其一把頭,其一龜算,其一珠算,其一計算」. 甄鸞注謂:「徐援受記:億億曰兆,兆兆曰京,此即上數也」,孫詒讓札迻云:「徐援受記,疑當作徐爰記;徐爰見宋書恩倖傳;(註一) 甄鸞又注謂:「九宮者,即二四爲肩,六八爲足,左三右七,戴九履一,五居中央」,唐王希明太乙金鏡式經亦稱:「九宮之義,法以靈龜,以二四爲肩,六八爲足,左三右七,戴九履一,此爲不易之道也」(註二),是爲吾國縱橫圖 (Magic square) 之最初文獻,九宮圖如下:

2	9	4
7	5	3
6	1	8

至太乙家則爲術數七家之一,見史記日者傳.

17. 劉徽九章注 劉徽九章注據唐李賢後漢書注,及隋書其次序爲方田第一,粟米第二,差分(隋書作衰分)第三,少廣第四,商功第五,均輸第六,盈不足(隋書作盈朒)第七,方程第八,

(註一) 見清孫詒讓札迻卷十一,光緒年刻本,第九頁.

(註二) 見唐王希明太乙金鏡式經卷二,四庫全書本.

句股第九．設問二百四十。其所論幾何形體，除弓形（弧田），四邊形（四不等田），球缺（宛田），鼓形（鼓田）爲約數外，餘幷恰合。少廣一章言及單分數，爲吾國算家記載奇零應用分數之一例，其句股章第二十問言及 $x^2+(14+20)x=2(1775\times 20)$ 之二次方程式。

劉徽於「今有戶高多於廣六尺八寸，兩隅相去適一丈，問戶高廣各幾何？答曰：廣二尺八寸，高九尺六寸」題，注曰：「令戶廣爲句，高爲股，兩隅相去一丈爲弦．高多於廣六尺八寸，爲句股差冪，開方除之，其所得，卽高廣幷數，以差減幷而半之，卽戶廣，加相多之數，卽尺高也」。

「今此術先求其半．

一丈自乘，爲朱冪四，黃冪一．

半差自乘，又倍之，爲黃冪四分之二．減實，半其餘，有：

朱冪二，黃冪四分之一。

如題意，已知一丈爲弦 (c)，$(b-a)^2$ 爲黃冪，先求高廣幷之半，卽 $\frac{1}{2}(a+b)$．假定 $\frac{ab}{2}$ 爲朱冪．

因　$c^2=4\left(\frac{ab}{2}\right)+(b-a)^2\cdots(1)$

而　$\frac{1}{2}\left[c^2-2\left(\frac{b-a}{2}\right)^2\right]$

$=\frac{1}{2}\left[c^2-\frac{2}{4}(b-a)^2\right]$.

或　$\frac{1}{2}\left[c^2-2\left(\frac{b-a}{2}\right)^2\right]$

$=2\left(\frac{ab}{2}\right)+\frac{1}{4}(b-a)^2\cdots(2)$

其於大方乘四分之三，適得四分之一。

又因 (外)大方 $=(a+b)^2$

$$=8\left(\frac{ab}{2}\right)+(b-a)^2.$$

$$(a+b)^2-\frac{3}{4}(a+b)^2$$

$$=\frac{1}{4}(a+b)^2$$

$$=2\left(\frac{ab}{2}\right)+\frac{(b-a)^2}{4}\cdots\cdots(3)$$

由 (2) 及 (3), 得:

$$\frac{1}{4}(a+b)^2=\frac{1}{2}\left[c^2-2\left(\frac{b-a}{2}\right)^2\right],$$

故開方除之，得高廣幷數之半.

$$\frac{1}{2}(a+b)=\sqrt{\frac{1}{2}\left[c^2-2\left(\frac{b-a}{2}\right)^2\right]}.$$

減差半得廣，加得戶高.」

$$\frac{1}{2}(a+b)-\frac{1}{2}(b-a)=a,$$

$$a+(b-a)=b.$$

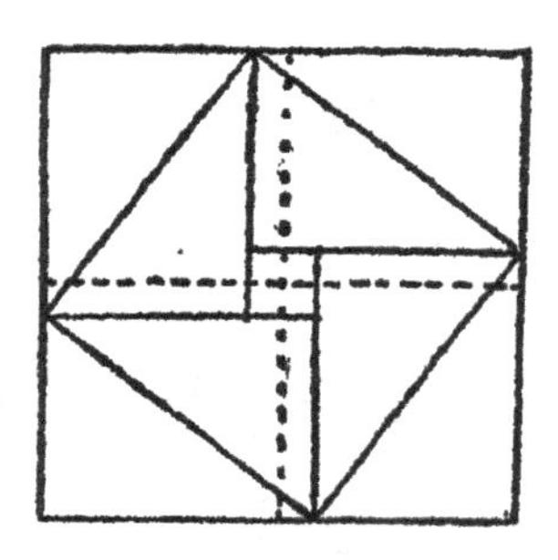

18. 劉徽割圓術 劉徽割圓率以舊率周三徑一爲疏，乃以圓內容六邊形起算，令邊數倍進，終與圓弧密合，其面積亦終與圓面積密合.

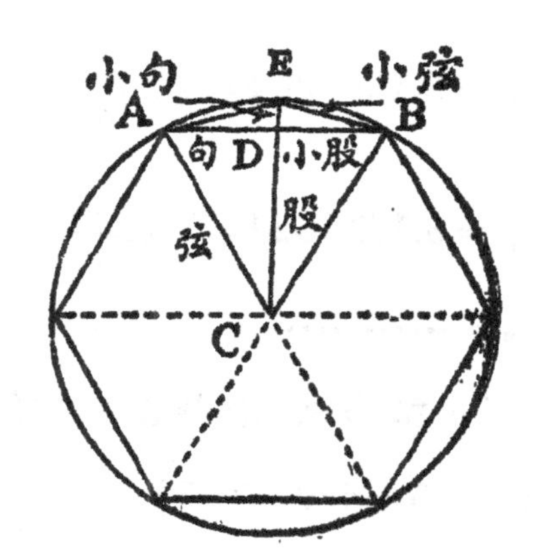

始令 l_n 爲有法 n 邊形一邊之長，r 爲圓半徑。令 r 爲弦，$\frac{l_n}{2}$ 爲句，求得$\sqrt{r^2-\left(\frac{l_n}{2}\right)^2}$爲股，次以半徑減股得 $r-\sqrt{r^2-\left(\frac{l_n}{2}\right)^2}$ 爲小句，前之$\frac{l_n}{2}$ 爲小股，求得小弦 l_{2n}，即爲有法 $2n$ 邊形一邊之長。既知 l_{2n} 爲有法 $2n$ 邊形一邊之長，r 爲圓半徑，如前可得$\sqrt{r^2-\left(\frac{l_{2n}}{2}\right)^2}$ 爲股，以 r 減股爲小句，前之 $\frac{l_{2n}}{2}$ 爲小股，求得小弦 l_{2n}，即爲小弦 l_{4n}，即爲有法 $4n$ 邊形一邊之長。如 $n=6$, $r=1$, 逐次求至 96 邊形之邊，得 $\pi_{96}=3.14104=3.14\frac{64}{625}$ 或 $\pi=3.14$，其次序如次：

邊數	每邊長	π	(差)
6	1.000000	$\pi_6=3$	
			$\frac{6614\frac{1}{4}}{625}$,
12	0.517638	$\pi_{12}=3.105\ 828=3.10\frac{364\frac{1}{4}}{625}$,	
			$\frac{1675}{625}$,
24	0.261052^{2}	$\pi_{24}=3.132\ 624=3.13\frac{164}{625}$,	

48 0.130806 $\pi_{48}=3.139\ 344=3.13\frac{584}{625}$, $\frac{420}{625}$,

96 0.065438 $\pi_{96}=3.141\ 024=3.14\frac{64}{625}$ $\frac{105}{625}$

……

192 ……… $\pi_{192}=$………… ………

已知各 π 值之差，則可以加減方法，求得各 π 之值，如：

$\pi_{96}=3.00+\frac{1}{625}\left(6614\frac{1}{4}+1675+420+105\right)=3.14\frac{64}{625}$，劉徽圓率，祇以 $\pi=3.14$ 入算。隋書謂：「劉徽注九章商功曰當今大司農斛，圓徑一尺三寸五分五釐，深一尺，積一千四百四十一寸十分之三。」

蓋

$$\frac{1}{2}\times 13.55\text{寸}=6.775\text{寸} \qquad \text{（半徑）}$$

$$(6.775)^2=45.900625\text{方寸} \qquad \text{（半徑冪）}$$

$$\pi=3.14 \qquad \text{（徽率）}$$

$$10\pi(6.775)^2=1441.279625$$

$$=1441\frac{3}{10}\text{（立）方寸} \qquad \text{（容積）}$$

19. 劉徽重差術 劉徽造重差術。王孝通稱：「徽思極豪芒，觸類增長，乃造重差之法，列於（九章）終篇，雖卽未爲司南，然亦一時獨步」，劉徽九章序稱：「輒造重差，幷爲注解，以究古人之意，綴於句股之下，度高者重表，測深者累矩，孤離者三望，離而又旁求者四望」。隋志，唐志皆有九章重差圖一卷，今其圖已亡。唐以後稱重差爲海島算。其第一題，稱：「今有望海島，立二

表齊高三丈 (c_1),前後相去千步 (d),令後表與前表參相直.從前表卻行一百二十三步 (b),人目着地,取望島峯,與表末參合.從後表卻行一百二十七步 (a),人目着地,取望島峯,亦與表末參合.問島高 (x),及去表 (y) 各幾何?答曰:島高四里五十五步,去表一百二里一百二十步」.術曰:以表高 (c_1),乘表間 (d) 爲實,相去 ($a-b$ 爲法,除之,所得加表高 (c_1),卽得島高 (x);求前表去島遠近 (y) 者,以前表卻行 (b),乘表間 (d) 爲實,相多 ($a-b$) 爲法,除之,得島去表里數 (y).

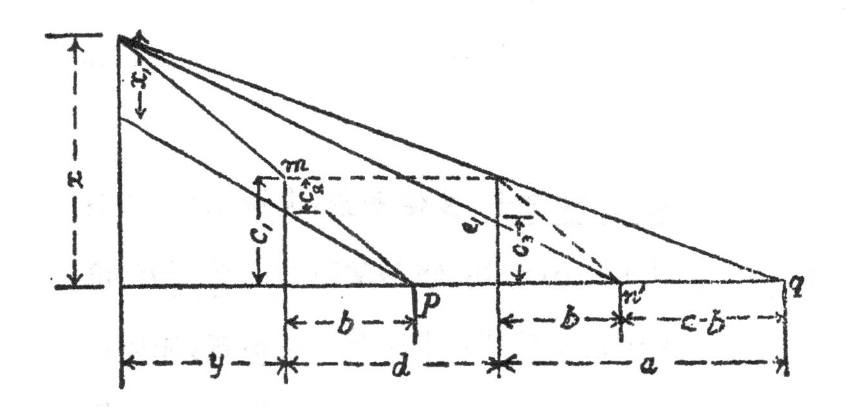

如圖作 nn' 平行於 mp;因相似三角形比例,得:

$$x=\frac{c_1 d}{a-b}+c_1,\quad 及\quad y=\frac{bd}{a-b}.$$

20.　中古後期算學　中古算學可分爲前後二期.中古前期算學,自公元前二〇〇年,迄公元後四〇〇年,包括漢魏二代中古後期算學,自公元後四〇〇年,迄公元後六〇〇年,包括兩晉，南北朝及隋。中古後期言圓率者，有何承天（370—447）以 $\pi=3.1428$，$\pi=\frac{22}{7}$，同時皮延宗亦設有圓率，惜已不傳。其以善算知名者，當推祖沖之，祖暅之父子。

祖沖之字文遠，范陽薊人也。宋世祖孝武帝（454—464）使直學林省，賜宅宇車服，解褐南徐州從事（史），公府參軍。大明六年（462）上書論曆，又與戴法興論曆。上愛奇慕古，欲用沖之新法，尋世祖薨（464），事寢。沖之特善算，注九章，造綴數述十篇，唐代立於學官。沖之於永元二年（500）卒，年七十二，（429—500）。沖之 $\pi=\frac{355}{113}$，公元一五七三年德人 Valentinus Otto，（或 Valentin Otto）始論及之。

祖暅之一作祖暅，字景爍，沖之子，少傳家業，究極精微，亦有巧思入神之妙。梁天監（502—519）初，修乃父所改何承天曆，位至太府卿。據北史，則孝昌元年（525）：「江南人祖暅者，先於邊境被獲，在（魏安豐王）延明家，舊明算曆，而不爲王所待。（信都）芳諫王禮遇之。暅後還，留諸法授芳」。（註一）隋書經籍志：祖暅有天文錄三十卷，漏刻經一卷。（註二）又編術數之書，成目錄一

（註一） 見北史卷八十九，列傳第七十七，藝術上……信都芳.

（註二） 文選李善註五十六，引劉璠梁典曰：天監六年（507），帝以舊漏乖舛，乃勅員外郎祖暅治之，漏刻成，太子中舍人陸倕爲文.

部，以別於四部，故梁有五部目錄(註一)暅之子皓，亦善算曆。

同時則梁庾曼倩曾疏注算經，後魏高元(390—487)曾撰算術三卷，元延明撰五經要略二十三卷，一作四十卷；信都芳注重差句股，周髀四術；董泉撰三等數一卷，今并不傳．現傳之孫子算經，張丘建算經，夏侯陽算經，五曹算經，五經算術，并疑為此期著作．後周甄鸞曾為諸經作注．隋代知算者有劉焯(544—610)，劉炫，焯通九章算術，炫則自撰算術一卷．

21. 孫子算經　孫子著孫子算經三卷，隋書經籍志作二卷，未詳何代人．清戴震以書中有長安洛陽相去，及佛書二十九章語．斷為漢明帝以後人．阮元以書中有棊局十九道，亦擬為漢以後人．其言籌位，詳縱横布算之義．九九則始九九，終一一．下卷記物不知數題，為大衍求一術之起原，并為他書所未及．古算書中周髀算經，九章算術以外，當以孫子算經為最古．敦煌石室算經一卷并序(註二)內「萬萬曰億，萬萬億曰兆，萬萬兆曰京，等而上之，曰該，曰梓，曰讓，曰溝，曰間，曰政，曰載，曰極，并稱為孫子數」．夏侯陽算經序謂：「五曹孫子，述作滋多」，張丘建算

(註一)　見隋書卷三十二，經籍志序．唐釋道宣廣弘明集(四部叢刊本)卷之三，引梁阮孝緒七錄序稱：「乃分數術之文，更為一部，使奉朝請祖暅撰其名錄」．

(註二)　見敦煌石室「算經一卷[并序]」國立北平圖書館館刊．九卷一號，第三十九至四十六頁．民國二十四年一二月．

經序，有：「夏侯陽之方倉，孫子之蕩杯」之語，則其人至遲在夏陽張丘建前矣.

22. 張丘建算經 張丘建清河人，宋傳本張丘建算經三卷，甄鸞注，李淳風注釋，劉孝孫細草. 其雞翁母雛題一問三答，如：

$$\left.\begin{aligned}5x+3y+\frac{1}{3}z&=100,\\ x+y+z\quad&=100,\end{aligned}\right\}\quad \begin{aligned}&x=4,\quad x=8,\quad x=12,\\ &y=18,\ y=11,\ y=4,\\ &z=78;\ z=81;\ z=84.\end{aligned}$$

實開不等式方程，一問數答之制. 其分數除法，及平面形與高線爲比例，亦爲前人所未論. 球積計算，尚憑古法. 書中又示二次方程式題二問：

$$x^2+68\frac{3}{5}x=2\times514\frac{31}{45}\qquad x=12\frac{2}{3};$$

$$x^2+15x=594,\qquad x=18.$$

惜今本前題卷末殘缺，後題亦僅言開方除之卽得，古代帶從開平方之法，因不得其詳.

23. 夏侯陽算經 夏侯陽著夏侯陽算經二卷，本乃韓延所傳，而以己說纂入之，序亦當爲延所作. 淸戴震擬韓延爲隋初人，玆擬夏侯陽爲後魏時人. 因書中「定脚價」條，有「從納洛州」之語，魏書地形志，稱：洛州「太宗置，太和十七年改爲司州，天平初復」，又「分祿科」有「太守十分，別駕七分」之語，與魏書食貨志所稱：「公田：太守十頃，治中別駕八頃」之制，約略相合.

書中所記，視古略有更革；定位之法，以本位爲身，他位爲外；相乘之辨，謂單位爲因，多位爲乘；又以倍折代乘除；以添，減之誼，致用於身外，隔位，故有隔位加幾，身外減幾之說．其後元李治，益古演段，宋楊輝乘除通變算寶多宗其說．其引時務云：十乘加一等，百乘加二等，$(10=10^1, 100=10^2, \cdots\cdots)$，十除退一等，百除退二等，$\left(\frac{1}{10}=10^{-1}, \frac{1}{100}=10^{-2}, \cdots\cdots\right)$，則具有指數之義．唐李淳風所注海島算經稱：退位一等，退位二等，說亦本於此，又以中半$\left(\frac{1}{2}\right)$，太半$\left(\frac{2}{3}\right)$，少半$\left(\frac{1}{3}\right)$，弱半$\left(\frac{1}{4}\right)$，謂爲漏刻之數，自來曆家幷應用之以誌十二辰之分數，爲吾國引用十二進位法之一證．又謂四不等田面積，$A=\frac{a+b}{2}\times\frac{c+d}{2}$，乃與埃及希臘相同．

24.　五曹算經　淸四庫提要稱：「隋書經籍志有九章六曹算經一卷，而無五曹之目，其六曹篇題亦不傳，(新)唐書藝文志有：甄鸞五曹算經五卷，韓延五曹算經五卷　李淳風注五曹孫子等算經二十卷，魯靖新集五曹時要術三卷；甄，韓二家皆注是書者也．其作者則不知爲誰．考漢書，梅福上書言，臣聞齊桓之時，有以九九見者，(唐)顏師古注云：九九算術，若今九章五曹之輩，……，唐書選舉志，稱：孫子，五曹共限一歲，……，姑斷以甄鸞之注，則其書確在北齊前耳．……，夏侯陽算經引田曹，倉曹者二，引金曹者一，而此（永樂大典本五曹算經）書，皆無其文。」

至後來之演其說者，宋史題有：甄鸞，五曹算經二卷，李淳風注；甄鸞五曹算法二卷；程柔，五曹算經求一法三卷；魯靖五曹時要算術三卷，五曹乘除見一捷例算法一卷；五曹算經五卷，李淳風注。今考夏侯陽算經所題四不等田之計算，與五曹算經同術，其書或在後魏北周間矣。

25. 五經算術 清四庫提要稱：「隋書經籍志，有：五經算術一卷，五經算術錄遺一卷，皆不箸撰人姓名，唐藝文志則有李淳風注五經算術二卷，亦不言爲誰所撰，今考是書……悉加『甄鸞按』三字於上，則是書當卽鸞所撰」。

按元延明鈔集五經算事爲五經宗，在甄鸞之前，事見魏書。魏書，隋書，新唐書且箸錄其卷數。今所傳者，旣不箸撰人，而四庫提要乃因「甄鸞按」三字，斷爲甄鸞所作，實屬無據。

26. 祖沖之父子割圓率 唐長孫無忌隋書卷十六，律曆志卷十一云：「……宋末南徐州從事史祖沖之更開密法，以圓徑一億爲一丈，圓周盈數三丈一尺四寸一分五釐九毫二秒七忽；朒數三丈一尺四寸一分五釐九毫二秒六忽，正數在盈朒二限之間。密率：圓徑一百一十三，圓周三百五十五，約率：圓徑七，周二十二。又設開差冪，開差立，兼以正圓參之，指要精密，算氏之最者也．所著之書，名爲綴術，學官莫能究其深奧，是故廢而不理」。

蓋

$$3.1415926<\pi<3.1415927$$

$$\pi=3.14159265$$

$$\pi=\frac{335}{113}$$

$$\pi=\frac{22}{7}.$$

隋書卷十六，嘉量條，晉書卷十六，嘉量條，幷以 $\pi=3.14159265$ 之祖冲之率入算；隋書卷十六，律曆志校劉歆斛銘，及後周武帝保定元年玉斗，亦用祖冲之率，$\pi=3.14159265$. 惜其證法久已失傳，其子祖暅，則因劉徽割圓術方法繼續推算，如

邊數	每邊長	π	(差)	(差)
6	1.000000	$\pi_6=3$		
			$\frac{6614\frac{1}{4}}{625}=\frac{105}{625}(4\times3.9875\times3.9494)$	$\doteq\frac{105}{625}(4)^3$
12	0.517638	$\pi_{12}=3.10\frac{364\frac{1}{4}}{625}$		
			$\frac{1675}{625}=\frac{105}{625}(4\times3.9875)$	……… $\doteq\frac{105}{625}(4)^2$
24	0.261052^{3}	$\pi_{24}=3.13\frac{164}{625}$		
			$\frac{420}{625}=\frac{105}{625}(4)$	……………………… $=\frac{105}{625}(4)^1$
48	0.130806	$\pi_{48}=3.13\frac{584}{625}$		
			$\frac{105}{625}=\frac{105}{625}(4^0)$	……………………… $=\frac{105}{625}(4)^0$
96	0.065438	$\pi_{96}=3.14\frac{64}{625}$		

等而下之，則 $\pi_{192}-\pi_{96}\doteq\frac{105}{625}(4)^{-1}$, $\pi_{384}-\pi_{192}=\frac{105}{625}(4)^{-2}$, 餘類推，即：

邊數	每邊長	π	(差)
96	0.065438	$\pi_{96}=3.14\frac{64}{625}$	
			$\frac{105}{665}(4)^{-1}$
192	…………	$\pi_{192}=$………	
			$\frac{105}{625}(4)^{-2}$
384	…………	$\pi_{384}=$………	
			$\frac{105}{625}(4)^{-3}$
…	…………	… ………	
			…
$\frac{n}{2}$	…………	$\pi_{\frac{n}{2}}=$………	
			$\frac{105}{625}(4)^{-n}$
n	…………	$\pi_n=$………	

即
$$\pi_n=\pi_{96}+\frac{105}{625}(4^{-1}+4^{-2}+4^{-3}+\cdots\cdots)$$

$$=3.14\frac{64}{625}+\frac{105}{625}\left\{\frac{\frac{1}{4}}{1-\frac{1}{4}}\right\}$$

$$=3.14\frac{64}{625}+\frac{105}{625}\times\frac{1}{3}$$

$$=3.14\frac{99}{625}\doteq 3.14\frac{100}{625}=\frac{3927}{1250}$$

$$=3.1416.$$

27. 祖暅之開立圓術 祖暅之開立圓術，先設一立方形，每邊之長爲 $D=2r$，此立方形可內容一圓球，其半徑之長爲 r，而 $D^3=(2r)^3=8r^3$，卽原立方形可分爲八小立方形，如第七圖之

'I'. 次假設原立方形縱橫兩面，各以圓柱相貫通，其小立方形如此 'II' 形爲一大立體 'III', 及三小立體形 'IV_1, IV_2, IV_3' 所組成。若於距底邊 a 處，以一平面，平割此小立方形。則其截面亦有四形，計有大小正方形各一，長方形二，如 'V, VI, VII' 所示，又因於句股形內已知弦爲 r, 句爲 a, 假令其股爲 b 則所割大平方形之一邊爲 b, 其面積爲 $b^2=r^2-a^2$, 又因截面之總面積爲 r^2, 則於距底邊 a 處，所割三小立體形之面積爲 a^2. 同理在 1 處截面之總面積爲 1^2, 2 處截面之總面積爲 2^2,……r 處截面之總面積爲 r^2. 現以 r^2 爲底, r 爲高之倒方錐形，正適合上開條件，故此三小立體可相合爲一方錐形，其體積爲 $\frac{1}{3}r^3$. 因小立方形之體積爲 r^3, 則大立體形 'III' 之體積爲 $\frac{2}{3}r^3$. 合此同樣者四個爲一「合蓋形」，其體積爲 $4\times\frac{2}{3}r^3=\frac{8}{3}r^3$, 以其形似盒子蓋也。次設原立方形內容一圓球，平分爲上下兩半，取其上半，於距底邊 a 處以一平面割之，其所割球形之面積爲 πa^2, 在底邊處爲 πr^2. 假令圓球之體積爲 V, 則合蓋形：半圓球 $=4r^2:\pi r^2$. 即 $\frac{8}{3}r^3:\frac{1}{2}V=4:\pi$, 故圓球體積，$V=\frac{4}{3}\pi r^3$ 矣.

28. 甄鸞撰注算經 甄鸞撰注算經，計有九章，孫子，五曹，張丘建，夏侯陽，周髀，五經，紀遺，三等數，海島算經，甄鸞算術等數種。雖各書所載，互有詳略，而古代算書，經其注釋，方成定本。甄鸞字叔遵，夏侯陽算經言解法不同，謂梁大同元年(535)

甄鸞校之。隋書律曆志上,引甄鸞算術云:玉升一升,得官斗一升

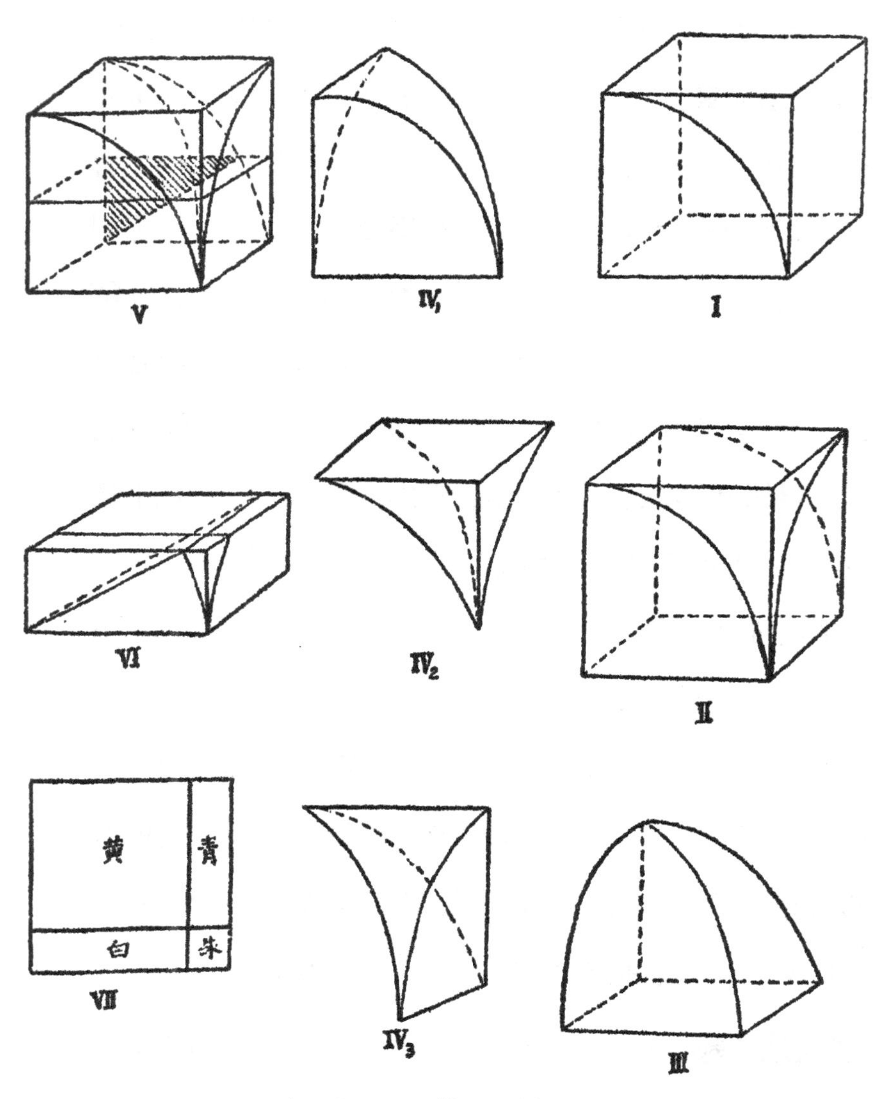

第七圖　祖暅之開立圓圖

(據日本三上義夫,「關孝和の業績と京坂の算家並に支那の算法との關係及び比較」,東洋學報第貳拾貳卷第一號,第79頁,昭和十年一月.)

三合四勺，按玉升於周保定五年(565)頒行。隋書律曆志稱周武帝時(561—577)造天和曆，隋書經籍志又有周天和年曆一卷，爲甄鸞天和元年(566)所定曆書。甄鸞信佛教，而周武帝崇道法；建德三年(573)辯三教先後，以佛教爲後。甄鸞所奉佛教，既不爲時人所重，其後乃不聞名。其官職則法苑珠林稱笑道論三卷，周朝武帝敕前司隸毋極伯甄鸞撰。其撰注各書，玆引列如下：

九章

九章算經九卷，甄鸞撰。 (舊唐書)

九章算術二卷，徐岳撰，甄鸞重述。 (通志略)

九章算經二十九卷，徐岳，甄鸞等撰。 (通志略)

孫子

孫子算經□卷，甄鸞注。 (一切經音義)

孫子算經三卷，甄鸞撰注。 (舊唐書)

孫子算經三卷，甄鸞撰，李淳風注。 (新唐書，通志略)

五曹

五曹算經五卷，甄鸞撰。 (舊唐書，日本見在書目)

五曹算經三卷，甄鸞撰。 (舊唐書)

甄鸞五曹算經五卷。 (新唐書，通志略)

甄鸞五曹算經二卷。 (宋史)

李淳風注，甄鸞五曹算經一卷。 (宋史)

張丘建

張丘建算經一卷，甄鸞撰。 (舊唐書)

張丘建算經三卷，甄鸞注。 (直齋書錄解題)

張丘建算術三卷，甄鸞注，李淳風注釋，劉孝孫細草。(通考)

夏侯陽

夏侯陽算經三卷，甄鸞注。 (舊唐書)

周髀

周髀一卷，甄鸞重述。 (隋書，通志略)

周髀一卷，甄鸞注。 (舊唐書)

周髀算經二卷，趙君卿注，甄鸞重述，李淳風等注釋，

(崇文總目及中興館目)

(玉海及通考)

五經

五經算術一卷，甄鸞撰。 (通志略)

五經算術二卷，甄鸞注，李淳風注釋。 (玉海引書目)

甄氏五經算術. (元程瑞禮，讀書分年日程)

紀遺

數術記遺一卷，徐岳撰，甄鸞注。 (舊唐書)

甄鸞注，徐岳大衍算術注一卷。 (宋史)

三等數

三等數一卷，董泉撰，甄鸞注。　（日本見在書目，舊唐書）

海島算經

海島算經一卷，甄鸞撰，李淳風等注釋。　（玉海）

甄鸞算術

甄鸞算術云：周朝市尺，得玉尺九分二釐。　（隋書）

甄鸞算術云：玉升一升，得官斗一升三合四勺。　（隋書）

第三章

第三　近古期

29. 近古期算學　近古期算學，自唐至宋元，約當公元後六〇〇年，迄一三六七年．上承漢魏，下接明清，爲中算之黃金時代．今以唐及宋元爲近古算學前後兩期之代表．唐代舉行算學考試制度，釐定算書，爲前代未有之盛典．同時印度曆算輸入，中華聲教，亦遠被極西，其在國外，則流傳及於日本．下及宋代，因襲唐代考試制度，幷由國學精刻算書行世．衣冠南渡之後，大江南北，尙有人精治此學，如秦九韶，李治，楊輝，郭守敬，朱世傑之流，發揚天元四元學說，雖其事蹟，間或史書缺載，其著作今尙流傳，足備考證．亦有抱殘守缺，如鮑澣之之流，翻刻宋元豐七年本算經十書，因而流傳至今．迨於元代，雖由異族入主中華，而聲威所接，遠及歐陸，回回算法，因而輸入，而中國曆算，亦遠輸歐陸，可謂盛矣．

30. 隋唐算學　近古期算學，自唐迄宋元，約當公元六〇〇年迄一三六七年．此期算學，最稱發達．今先述隋唐算學．隋唐流傳算書，載於隋書經籍志者，有：

「〇九章術義序一卷，〇九章算術十卷，[劉徽撰]，九章算術二卷[徐岳甄鸞重述]，九章算術一卷[李遵義疏]，九九算術二卷[楊淑撰]，九章別術二卷，〇九章算經二十九卷[徐岳甄鸞等撰]，九章算經二卷[徐岳注]，九章六曹算經一卷，⊙九章重差圖一卷[劉徽撰]，九章推圖經法一卷[張峻撰]，綴術六卷，〇孫子算經二卷，〇趙䟫算經一卷，〇夏侯陽算經二卷，〇張丘建算經二卷，〇五經算術錄遺一卷，〇五經算術一卷，〇算經異義一卷[張纘撰]，張去斤算疏一卷，〇算法一卷，〇黃鍾算法三十八卷，〇算律呂法一卷，〇衆家算陰陽法一卷，〇婆羅門算法三卷，〇婆羅門陰陽算曆一卷，〇婆羅門算經三卷。」

載於舊唐書經籍志者，有：

「九章算經一卷，[徐岳撰]，九章重差一卷，[劉向撰]，九章重差圖一卷，[劉徽撰]，九章算經九卷，[甄鸞撰]，九章雜算文二卷，[劉祐撰]，九章術疏九卷，[宋泉之撰]，五曹算經五卷，[甄鸞撰]，孫子算經三卷，[甄鸞撰注]，海島算經一卷，[劉徽撰]，張丘建算經一卷，[甄鸞撰]，夏侯陽算經三卷，[甄鸞注]，數術記遺一卷，[徐岳撰，甄鸞注]，三等數一卷，[董泉撰，甄氏注]，算經要用百法一卷，[徐岳撰]，綴術五卷，[祖冲之撰，李淳風注]，五曹算經三卷，[甄鸞撰]，七經算術通義七卷，[陰景愉撰]，緝古算術四卷,［王孝通撰,李淳風注］,算經表序一卷.」

載於新唐書藝文志者,有:

「劉向九章重差一卷,徐岳九章算術九卷,又算經要用百法一卷,數術記遺一卷［甄鸞注］,張丘建算經一卷［甄鸞注］,董泉三等數一卷［甄鸞注］,夏侯陽算經一卷［甄鸞注］,甄鸞九章算經九卷,又五曹算經五卷,七曜本起曆五卷,七曜曆算二卷,曆術一卷,韓延夏侯陽算經一卷,又五曹算經五卷,宋泉之九經術疏九卷,劉徽海島算經一卷,又九章重差圖一卷,劉祐九章雜算文二卷,陰景愉七經算術通義七卷,信都芳器準三卷,黃鍾算法四十卷,……李淳風注周髀算經二卷,又注九章算術九卷,注九章算經要略一卷,注五經算術二卷,注張丘建算經三卷,注海島算經一卷,注五曹孫子等算經二十卷,注甄鸞孫子算經三卷,釋祖冲之綴術五卷,……王孝通緝古算術四卷［太史丞李淳風注］,算經表序一卷,……謝察微算經三卷,江本一位算法二卷,陳從運得一算經七卷,魯靖新集五曹時要術三卷.」

前此九章算術諸書,傳註至爲龐雜,自李淳風與梁述,王眞儒受詔注算經十書,顯慶丙辰(665)付國學行用後,流傳始廣.

31. 王孝通撰輯古算經　王孝通事蹟之見於史志者,則新唐書稱:「唐高祖武德二年(619)擢傅仁均爲員外散騎侍郎.三年(620)正月望,及二月,八月朔當蝕,比不效.六年(623)詔吏部郎中祖孝孫考其得失。孝孫使算曆博士王孝通，以甲辰法詰之。九年(626)復詔大理卿崔善爲與孝通等較善爲所改數十條」;舊唐書曆志稱:「戊寅術，武德九年(626)五月二日校曆人:算曆博士臣王孝通」。今傳宋本緝古算經題:「唐通直郎太史丞臣王孝通」,其「上緝古表」,又稱:「少小學算，……迄將皓首．……伏蒙聖朝收拾，用臣爲太史丞。比年已來，奉敕校勘傅仁均術，凡駁正術錯三十餘道，即付太史施行.」

緝古算經第二問第一術，於仰觀臺:已知上下廣差$(c-a)$，上下袤差$(d-b)$上廣袤差$(b-a)$，截高$(h-a)$，則仰觀臺體積(V)爲:

$$V=\frac{(c-a)(d-b)}{3}\times h+a\times\frac{d-b}{2}\times h+b\times\frac{c-a}{2}\times h$$

$$+a(b-a)\times h+a^2h^2.$$

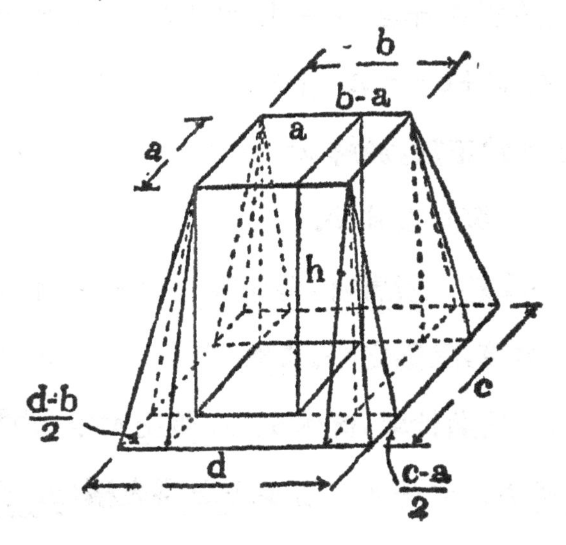

即 $V=\frac{(d-b)(c-a)}{3}\times(h-a)+\frac{(c-a)(b-a)}{2}\times(h-a)$

$$+\left[\frac{(c-a)+(d-b)}{2}+(b-a)\right]\times(h-a)\times a$$

$$+\left[\frac{(d-b)(c-a)}{3}+\frac{(c-a)(b-a)}{2}\right]\times a$$

$$+\left[(h-a)+(b-a)+\frac{(c-a)+(d-b)}{2}\right]\times a^2+1\times a^3.$$

就中 $\frac{(d-b)(c-a)}{3}$ 稱爲「隅陽冪」，$\frac{(c-a)(b-a)}{2}$ 稱爲「隅頭冪」，$\frac{(c-a)+(d-b)}{2}$ 稱爲「正數」．a 之係數稱爲「方法」，a^2 之係數稱爲「廉法」。該書幷列舉證題之法，用以說明方臺各公式之所由來，一如劉徽注九章算術商功第五之法，以代數，幾何，參相應用。其應用之方程式計有 $x^2=A$，$x^2+px=A$，$x^3+px^2=A$，$x^3+px^2+qx=A$，$x^4+qx^2=A$，各式,幷以 A 爲實，p 爲方法，q 爲廉法，方廉法幷爲正數，於解 $x^3+px^2+qx=A$ 一式，祇言「以從開立方除之」不復詳言其法．

32　李淳風注十部算經　新唐書，舊唐書李淳風傳稱，李淳風岐州雍人．明天文，曆算，陰陽之學．貞觀(627—649)初，以駁傅仁均曆議，多所折衷，授將仕郎，直太史局．顯慶元年(656)復以修國史，功封昌樂縣男．先是太史監候王思辯表稱：五曹，孫子十部算經，理多踳駮。淳風復與國子監算學博士梁述，太學助教王眞儒等，受詔注五曹，孫子十部算經書成，高祖令付國學行用。(註一)龍朔二年(662)淳風改授祕書閣郎中。咸亨(670—673)初，官名復舊，還爲太史令，卒年六十九。

李淳風撰注各書，玆引列如下：

九章

九章算經□□，李淳風釋。　　(一切經音義)

九章算經九卷，李淳風註。　　(新唐書)

九章算經要略一卷，李淳風註。　　(新唐書)

九章(算)經要略一卷，李淳風註釋。　　(宋史，崇文總目)

九章算術九卷，李淳風撰。　　(通志略)

九章算經要訣一卷，李淳風撰。　　(通志略)

九章算經九卷，魏劉徽，唐李淳風註.　　(郡齋讀書志，宋史)
(玉海，通考同)

九章算經要略九卷，李淳風註.　　(宋史)

孫子

甄鸞孫子算經三卷，李淳風註.　　(新唐書)
(通志略同)

(註一)　唐會要卷三十六，作永隆元年(680)，唐會要卷六十五，及册府元龜卷八百六十九，作顯慶元年(656).

孫子算經一卷，李淳風註釋。　(崇文總目，宋史)

五曹

(五曹)孫子等十部算經二十卷，李淳風註釋。　(唐會要)

五曹，孫子等十部算經二十卷，李淳風註．　(舊唐書)

(通志略同)

五曹孫子等算經二十卷，李淳風註．　(新唐書)

五曹算經五卷，李淳風註．　(宋史，玉海)

甄鸞五曹算法二卷，李淳風註．　(宋史)

張丘建

張丘建算經三卷，李淳風註．　(新唐書)

(通志略同)

甄鸞註，劉孝孫細草，張丘建算經三卷，李淳風等註釋．

(直齋書錄解題)

夏侯陽

……………………………………………………………………

周髀

周髀二卷，李淳風撰．　(舊唐書)

周髀算經二卷，李淳風註．　(新唐書)

周髀二卷，李淳風釋．　(新唐書)

周髀算經二卷，李淳風撰，　(通志略)

趙君卿註，甄鸞重述，周髀算經二卷，李淳風等注釋.

（崇文總目及中興館目）

（玉海及通考同）

五經

五經算術二卷，李淳風註.　（新唐書）

（崇文總目同）

五經算術二卷，甄鸞注，李淳風注釋.　（玉海引書目）

王孝通五經算法一卷，李淳風注.　（宋史）

海島

海島算經一卷，李淳風註.　（新唐書）

海島算經一卷，李淳風撰.　（通志略）

海島算經一卷，甄鸞撰，李淳風等注釋.　（玉海）

綴術

祖冲之綴術五卷，李淳風註.　（舊唐書）

祖冲之綴術五卷，李淳風釋.　（新唐書）

緝古

緝古算術四卷，王孝通撰，李淳風注.　（舊唐書）

王孝通緝古算術四卷，太史丞李淳風注.　（新唐書）

緝古算術一卷，李淳風註.　（宋史）

33.　唐代算學制度　中國考試制度，實始於隋，幷及於算數，隋書百官志稱:「算學博士二人,算助教二人,學生八十人,幷隸於國學」,舊唐書職官三,亦稱:「隋始置算學博士二人於國庠」.唐承隋制.貞觀政要崇儒學條稱:「貞觀二年(628)大收天下儒士……其書算各置博士學生,以備衆藝」,唐會典卷六十六稱:「書算學:貞觀二年十二月二十一日置,隸國子學」.其制度疊見於唐六典,通典,舊唐書,新唐書,大唐新語,通考諸書.唐初以員外郎掌天下貢擧之職,至開元二十四年(736)敕以爲權輕,專令禮部侍郎一人掌之.故唐六典卷四,稱:「禮部尚書侍郎之職掌天下禮儀祠祭,燕饗,貢擧之政令……凡擧試之制,每歲仲冬,率與計偕.其科有六:一曰秀才,二曰明經,三曰進士,四曰明法,五曰書(唐書選擧志作明字),六曰算(唐書作明算)」.其學校組織,有博士,有助教,有學生.計:算學博士二人「從九品下」,助教一人,算學生三十人,典學一人.其束脩之禮,督課試擧如三館博士之法.唐六典卷二十一稱:「國子博士,掌教文武官三品以上,……其生初入置束帛一篚,酒一壺,脩一案,號爲束脩之禮.」,唐摭言稱:「龍朔二年(662)九月(註一),勅學生在學,各以長幼爲序.初入學皆行束脩之禮於師.……俊士及律,書,算學,州縣各絹一疋,皆有酒脯.」

其學制共以七年分科教授.唐六典卷二十一,稱:「算學博士

(註一) 唐會典及通考學校二,幷作神龍二年(706)九月.

掌教文武官八品以下，及庶人子之爲生者。二分其經，以爲之業。習九章，海島，孫子，五曹，張丘建，夏侯陽，周髀十有五人；習綴術，緝古十有五人。其記遺，三等數亦兼習之。孫子，五曹，共限一年業成。九章，海島共三年，張丘建，夏侯陽各一年，周髀，五經算共一年；綴術四年，緝古三年.」(註一)旬給假一日。其考試亦主分科舉行，計：九章三帖，海島，孫子，五曹，張丘建，夏侯陽，周髀，五經等七部各一帖，謂爲一組。又一組則據唐六典卷二，卷四本文，及通典卷七十五，天寶元年(742)條下，稱：「試綴術六帖，緝古四帖」，而唐六典卷二，註文，及新唐書選舉志則作：「綴術七帖，緝古三帖」，疑後者爲天寶元年以後制度．凡算學錄大義本條爲問答，明數造術，詳明術理，無注者合數造術，不失義理，然後爲通．各經十通六，記遺，三等數，帖讀，十得九爲第．每年終考試，由國子丞掌之．并注重口試．唐六典卷二十一，註稱：「其試法皆依考功，又加以口試」，唐六典卷三十五，學校條，稱：「其試者計一年所受之業，口問大義，得八以上爲上，得六以上爲中，得五以上爲下」。其檢監則由國子主簿掌之。唐六典卷二十一，稱：「主簿掌勾檢監事．凡六學生有不率所教者，則舉而免之，其頻三年下第，(算生)九年在學，及律生六年無成者，

(註一)　廣雅書局刻本唐六典作「緝古一年」，今據宋孫逢吉職官分紀卷二十一，「算學博士」條引六典，及新唐書選舉志，通考卷四十一，學校二，改正.

亦如之。」

其興廢之制，疊見於舊唐書，新唐書，及唐會要．而以唐會要所記爲尤詳，但亦有異同之處．唐會典卷六十五，廣文館條，稱：「顯慶三年(658)九月四日，詔以書，算，明經，事唯小道，各擅專門，有乖故實，并令省廢」.(註一)「至龍朔二年(662)五月(新唐書作二月)十七日，復置律學，書，算學各一員．(龍朔)三年二月十日書學隸蘭臺，算學隸祕書(新唐書作閣)局，律學隸詳刑寺」．唐初貞觀(627—649)太宗數幸國學，其書算等各置博士，凡三千三百(通志作三百，唐會要作二百)六十員．天寶(742—755)以後，學校益廢，生徒流散，貞元前後(約800年)六館巳亡其三，但據唐文粹卷七十七，貞元十四年(798)張博士講禮之會，尙且連襟成帷．元和二年(807)更定員額，西京書算館各十人，東都算館二人而巳．及其末年，國子，太學，廣文，四門，及書，算，律等七館，尙有學生二百人也．其俸錢亦代有增減，據唐會要則開元二十四年，大歷二年，(736及771)書算博士及助教各爲一千九百一十七文，建中二年(782)書算及律助教爲三千文，新唐書食貨志，稱：「唐世俸錢，會昌後(841-)不復增減，今著其數：書，算，律學博士……四千，書，算助教三千」．唐祚至天祐二年(905)而斬，會昌以後史書尙記書算博士，及助教俸錢，則終唐之世，

(註一) 新唐書作顯慶三年同，舊唐書作二年.

數學制度未嘗廢也.

34 唐代算學家 唐代算學家,除王孝通,李淳風外,尙有僧一行,邊岡,劉孝孫,陳從運,龍受諸人,幷稱善算.

僧一行(683—727)姓張氏,先名遂.舊唐書有傳.唐六典稱:「大衍曆開元十四年(726)嵩山僧一行,承制旨考定,最爲詳密,今見行」.唐文粹載張說(667—730)大衍曆序,稱:「惟開元神武皇帝……創曆十有三祀,詔沙門一行……比其異同,……先有理曆陳景,善算趙昇,……因而緝合編次,勒成一部,名曰開元大衍曆經七章二卷,長執曆一卷,古今曆書二十四卷,略例奏章一卷,凡五十二卷.」(註一)

邊岡,宋史作邊剛.資治通鑑卷二百五十九,景福元年(892)條,稱:「宣明曆浸差,太子少詹事邊岡,造新曆成,十二月上之,命曰:景福崇玄曆」,新唐書藝文志作四十卷.元胡省三據新唐書曆志注通鑑稱:「邊岡與司天少監胡嘉林,均州司馬王墀改治新曆,然術一出於岡.岡用算巧.能馳聘反覆於乘除間,由是簡捷超徑等接之術興,而經制遠大衰序之法廢矣.雖籌策便易,然皆冥於本原.」

劉孝孫宋本張丘建算經三卷,題:「唐算學博士,臣劉孝孫細草」,新舊唐書幷有隋開皇曆一卷,七曜雜術二卷,題劉孝孫撰.

(註一) 據四部叢刊影元翻宋小字本唐文粹卷九十四.

陳從運亦作陳運據宋史律曆志:「唐試右千牛衞,胄曹參軍陳從運著得一算經,其術以因折而成。取損益之道,且變而通之,皆合於數」.新唐書,宋史有:「陳從運得一算經七卷」,崇文總目作「陳運得一算經七卷」是也.陳從運又有三問田算術一卷,見宋史及崇文總目.

江本據玉海:「江本撰三位乘除一位算法二卷,又以一位因折進退,作一位算術九篇,頗爲簡約」.新唐書,宋史,崇文總目,幷有:江本,一位算法二卷.

龍受亦作龍受益,龍受一.新唐書藝文志有:「貞元(785—804)人龍受算法二卷」.崇文總目亦有龍受算法二卷.宋史藝文志作「龍受益,算法二卷,求一算術化零歌一卷,新易一法算範要訣一卷,又龍受益法,王守忠求一術歌一卷,算範要訣二卷,明算指掌三卷」.其書至宋尚存.宋紹興(1131—1162)祕書省續編到四庫書目有:「求一算術歌一卷,唐龍受益注算範九例訣一卷,算範訣二卷」,及「龍受益撰新易一法算範九例要訣一卷」是也.其六問算法五卷,幷化零歌附,宋鼂氏通考作唐龍受益撰,宋晁公武郡齋讀書志作皇朝龍受益撰,其書至明尙存.明陳第世善堂藏書目錄有:「唐龍受一六問算法五卷」是也.

35. 唐代算學輸入日本 中國日本地域接近,日本欽明十五年(554)以後,中算始經高麗,間接傳入.是年百濟易博士王道良，曆博士王保孫，始以中國曆法，輸入日本。至隋乃直接通使。書紀推古天皇十五年(607)七月庚戌條載：「聖德太子遣小野妹子共通事鞍作福利使隋」。(註一) 隋書煬帝紀云：「大業四年(推古十六年，608)三月壬戌。百濟，倭、赤土，加羅國，幷遣使貢方物」，是也。大寶二年(702)日本立學校，授算術。所採算經十書爲：周髀，孫子，六章，三開，重差，五曹，海島，九司，九章，綴術，幷置天文博士，曆博士，及天文曆生各十人，算生三十人。大寶(701—703)，養老(707—713)間之令義解，稱：「凡算經：孫子，五曹，九章，海島，六章，綴術，三開，重差，周髀，九司，各爲一經。學生二分其經，以爲之業。凡算學生，辯明術理，然後爲通。試九章三條，海島，周髀，五曹，九司，孫子，三開，重差各一條。試九全通爲甲，通六爲乙。若落九章，雖通六猶爲不第。其試綴術，六章者，准前綴術六條，六章三條。[若以九章與綴術；及六章與海島等六經，願受試者亦同，合聽也]。試九全通爲甲，通六爲乙。若落經者[六章總不通者也]，雖通六猶爲不第。」(註二) 則全採唐代算學制度矣。續紀天平七年(755)四月辛亥條，稱：「日本留學僧吉備眞備以大衍曆經一卷，大衍曆立成十二卷，測影鐵尺枚，銅律管一部等齎入日本」。(註三) 先是日本用儀鳳曆，至淳仁

(註一) 據木宮泰彥中日交通史引。

(註二) 據澤田吾一日本數學史講話第二十二頁引。

(註三) 據木宮泰彥中日交通史引。

天皇天平寶字七年(763)廢儀鳳曆,而採用大衍曆.而日本留學僧宗叡之書寫請來法門等目錄,有:都利聿斯經一部五卷,七曜禳災訣一卷,七曜二十八宿曆一卷,七曜曆日一卷,六壬名例立成歌一部二卷,時在天平十八年六月也.(註一)寬平時代(889—897)藤原佐世奉勅撰日本國見在書目,其記算法書籍,有下列各種;

「九章九卷,[劉徽注].……[祖中注].……[徐氏撰].……術義九,[祖中注].……十一義一.九章圖一.……乘除私記九.……妙言七.……私記九.九法算術一.六章六卷,[高氏撰].……圖一.六章私記四.九司五卷.……算術一.三開三卷.……圖一.海島二.……一[徐氏注].……二[祖仲注].……圖一.綴術六.夏侯陽算經三.新集算例一.五經算一.張丘建三.元嘉算術一.孫子算經三.曆例一.注疏一.曆注二.婆羅門陰陽算曆一.記遺一.五行算二.」

類聚符宣抄第九,康保四年(967)算道狀,於藏書條,尙記及九章,海島,周髀,五曹,九司,孫子,三開各算書.(註二)天祿元年(970)源爲憲序口遊一書,錄及九九,始九九,終一一,一如孫子所記.觀上所述,則和算初期,深受隋唐影響,爲無疑矣.

(註一) 見續紀天平七年四月辛亥條,及天平十八年六月己亥條.

(註二) 據澤田吾一日本數學史講話引.

36. 唐代邊境算法　唐代全盛時期，疆土遠接極西。現在敦煌發現之簿籍及算經，尚可窺見一二。就中「算經一卷并序」，其記九九，始於九九，終於一一，并以萬以上爲億、兆、京、該、梓、讓、溝、間、政、載、極稱爲孫子數。并記及籌位，如：

	1,	2,	3,	4,	5,	6,	7,	8,	9,
縱者爲	𝍠,	𝍡,	𝍢,	𝍣,	𝍤,	𝍥,	𝍦,	𝍧,	𝍨,
横者爲	𝍩,	𝍪,	𝍫,	𝍬,	𝍭,	𝍮,	𝍯,	𝍰,	𝍱,

如28書爲𝍪𝍧是也。此經僅存「均田法第一」。(註一)又一種存「口口部第六」，「營造部第七」，「口口部第九」，其第一題可爲校補如下：

「今有男十萬八百一十五人，三萬六千七百八十三人，丁男，日食米八升；二萬五千五百廿八人，老男，日食米七升；一萬八千二百一十四人，中男，日食米六升；一萬四千一百五十四人，小男，日食米五升；六千一百卅六人，黃男，日食米四升。問前件五等男一日，十日，一月，一年之食米，各幾何。曰：一日合食米六千七百七十五斛五升八升，十日合食米六萬七千七百五十五斛八升，一月食米廿萬三千二百六十七斛四升，一年食二百卌三萬九千二百八斛八升。

術曰：置丁男三萬六千七百八十三人，以八升乘之，退二等，

(註一)　據敦煌將來目錄第三三四九號，「算經一卷并序」

得丁男一日食米二千九百卌二斛六升四升，置於上方。次置老男二萬五千五百廿八人，以七升乘之，退二等，得老男一日食米一千七百八十六斛九升六升，置於上方。次置中男一萬八千二百一十四人，以六升乘之，退二等，得中男一日食米一千九十二斛八升四升，置於上方。次置小男一萬四千一百五十四人，以五升乘之，退二等，得小男一日食米七百七斛七升，亦置於上方。次置黃男六千一百卌六人，以四升乘之，退位二等，得黃男一日所食二百卌五斛四升四升。惣併五位，得各男一日食米六千七百七十五斛五升八升；上十之，得十日之食，六萬七千七百五十五斛八升；又以三因之，得一月之食，廿萬三千二百六十七斛四升；又以十二乘之，得一年之食，二百卌三萬九千二百八斛八升。」

其演算次序如下：

丁男……36,783 × 0.08 = 2,942.64

老男……25,528 × 0.07 = 1,786.96

中男……18,214 × 0.06 = 1,092.84

小男……14,154 × 0.05 = 707.70

黃男……6,136 × 0.04 = +) 245.44

100,815　　6,775.58……一日食。

×) 10

67,755.80……十日食。

$$
\begin{array}{r}
67,755.10 \\
\times)\qquad 3 \\
\hline
203,267.40
\end{array}
$$
……一月食。

$$
\begin{array}{r}
203,267.40 \\
\times)\qquad 12 \\
\hline
2,439,208.80
\end{array}
$$
……一年食。

就中以「合、升、升、㪷」代「合、升、㪷、斛」，并以十進。(註一) 又有一種「算表」(註二)凡已知田畝廣長各若干步，檢表卽得田畝積若干畝若干(方)步，或若干畝半，若干(方)步。原表廣長六十步以下者檢表卽得畝數。全表如後縮圖。其中 A, B, C, D 各格，今已亡失，所存者爲 1 至 11 各格，寫成册頁式。如第八圖示其中(1) 之一格。今人長沙章用曾爲補成全表。

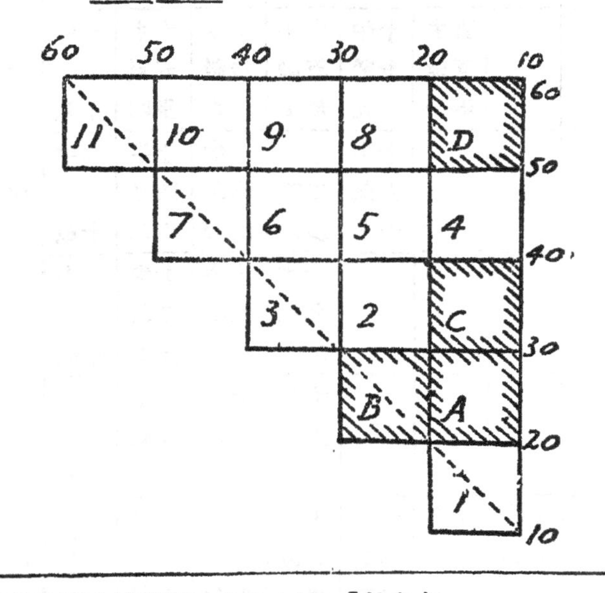

(註一)　據敦煌將來目錄第二六六七號，「算書」

(註二)　據敦煌將來目錄第二四九〇號，「算表」

	20步	19步	18步	17步	16步	15步	14步	13步	12步	11步	10步
20步	一畝半四十步	一畝半二十步	一畝半	一畝一百步	一畝八十步	一畝六十步	一畝四十步	一畝二十步	一畝	半畝一百步	半畝八十
19步		一畝一步	一畝一百兩步	一畝八十三步	一畝六十四步	一畝四十五步	一畝二十六步	一畝七步	半畝一百八步	半畝八十九步	半畝七十
18步			一畝八十四步	一畝六十六步	一畝四十八步	一畝三十步	一畝一十二步	半畝一百十四步	半畝九十六步	半畝七十八步	半畝六十
17步				一畝四十九步	一畝三十二步	一畝一十五步	半畝一百一十八	半畝一百一步	半畝八十四步	半畝六十七步	半畝五十
16步					一畝十六步	一畝	半畝一百四步	半畝八十八步	半畝七十二步	半畝五十六步	半畝四十
15步						半畝一百五步	半畝九十步	半畝七十五步	半畝六十步	半畝四十五步	半畝三十
14步							半畝七十六步	半畝六十二步	半畝四十八步	半畝三十四步	半畝二十
13步								半畝四十九步	半畝三十六步	半畝二十三步	半畝一十
12步								半畝三十六步	半畝二十四步	半畝十二步	半畝
11步			半畝七十八步	半畝六十七步	半畝五十六步	半畝四十五步	半畝三十四步	半畝二十三步	半畝十二步	半畝一步	一百一十

第八圖 「算表」圖.（據巴黎圖書館藏本 Pelliot No. 2490 傳鈔.）

第四章

印度曆算之輸入

37. 七曜九執筆算之輸入 佛法輸入中國，據後漢書西域傳，及楚王英傳，謂在漢明帝時。法琳破邪論謂在永平三年(60)，佛祖統記謂在永平七年(64)，費長房歷代三寶記，日本漢法本內傳謂在永平十年(67)。古今譯經圖說則兼三，七，十年諸說，意謂後漢明帝以永平三年(60)夢見金人，至七年(14)遣蔡愔等西行求法，十年(67)白馬馱經，至於洛陽，因建白馬寺云。是後，代有譯述。至唐爲盛。七曜九執名義，同時輸入。七曜名義，初見於吳孫權黃龍二年(230)竺律炎譯摩登伽經。該經以日，月，熒惑，歲星，鎮星，太白，辰星，爲七曜。一時善算，如庾曇倩，劉焯，殷紹，并兼通章、曜。章爲九章，曜爲七曜。乾元二年(759)不空譯宿曜經，并歷舉胡名，波斯名，天竺名七曜名稱。唐律禁私習天文，并及曆算。唐長孫無忌唐律疏議第九卷，稱：「七曜曆，太一雷公式，私家不得有，違者徒二年」，蓋七曜曆實爲唐代之標準曆法。宋史藝文志，有：「文殊七曜經一卷，錢明逸西國七曜曆一卷。」

七曜經，七曜曆之上，冠以文殊，西國諸名，以其源出印度也。

次於七曜者爲九執．蓋以日、月、水、火、木、金、土七曜，配以日月交叉點之羅睺，計都合爲九執，執者執持之義．天竺以此九星，爲「九種執持名號」「此九執持天神有大威力」．新唐書曆志，稱：「九執曆者出於西域，其算皆以字書，不用籌策」．瞿曇悉達開元占經有：「天竺九執曆經」其「算字法樣」條，謂：

「一字 二字 三字 四字 五字 六字 七字 八字 九字

□ □ □ □ □ □ □ □ □

右天竺算法，用上件九箇字乘除，其字皆一舉札而成，九數至十，進入前位．每空位處，恆安一點，有間咸記，無由輒錯，連算便眼．……」

等語，足證當時印度筆算，已隨九執曆聯帶輸入矣．

38 印度大小數法 印度古代數法，有十進，百進，倍進，百百千進諸法．其百進，倍進二法，則由佛經輸入．中國佛本行經以百千名俱胝 (koṭi)，百俱胝名阿由多 (ayuta)，百阿由多名那由他 (niyuta)，……是爲百進法．華嚴經卷四十五，卷六十五并稱：「一百洛叉 (lakṣa) 爲一俱胝 (koṭi)，俱胝，俱胝爲一阿庾多 (ayuta)，阿庾多，阿庾多爲一那由他(niyuta)，……」爲倍進法也．此項倍進之法，印度在公元前一世紀已經論及(註一)，而華嚴經

(註一) 參觀：Bibhutibhusan Datta and Avadhesh Narayan Singh, History of Hindu Mathematics, part I, pp. 9—13, Motilal Banarsi Das, Lahore, 1935.

則始譯於晉(398—421),再譯於唐(699).俱舍論兼用十進、百進二法。而俱舍論則始譯於陳(567),再譯於唐(651—654)。其在國中,有大小數法,大數以萬爲等,小數以十爲等。禮記內則「降德於兆民」,疏引:「算法:億之數有大小二法,小數以十爲等,十萬爲億;大數以萬爲等,萬萬爲億也」。其在算經十書中數術記遺及甄鸞五經算術卷上,幷稱:「黃帝爲法,數有十等,及其用也,乃有三焉。……三等者,上中下也。其下數十十變之,若言十萬曰億,十億曰兆,十兆曰京也。中數者萬萬變之,若言萬萬曰億,萬萬億曰兆,萬萬兆曰京也。上數者數窮則變,若言萬萬曰億,億億曰兆,兆兆曰京也」。算經十書中孫子算經卷上,又稱:「凡大數之法,萬萬曰億,萬萬億曰兆,萬萬兆曰京,萬萬京曰陔,萬萬陔曰秭,萬萬秭曰壤,萬萬壤曰溝,萬萬溝曰澗,萬萬澗曰正,萬萬正曰載」。敦煌石室「算經一卷幷序」亦稱:

「凡數不過十,名不過萬,故萬萬卽改。一,十,百,千,萬,一萬,十萬,百萬,千萬,萬萬曰億。一億,十億,百億,千億,萬億,十萬億,百萬億,千萬億,萬萬億曰兆。一兆,十兆,百兆,千兆,萬兆,十萬兆,百萬兆,千萬兆,萬萬兆曰京。一京,十京,百京,千京,萬京,十萬京,百萬京,千萬京,萬萬京曰該。一該,十該,百該,千該,萬該,十萬該,百萬該,千萬該,萬萬該曰梓。一梓,十梓,百梓,千梓,萬梓,十萬梓,百萬梓,千萬秭，萬萬秭曰讓。一讓，十讓，百讓，千讓，萬讓，十萬讓，百萬讓，千萬讓，萬萬讓曰溝。一溝，十溝，百溝，千溝，萬溝，十萬溝，百萬溝，千萬溝，萬萬溝曰澗。一澗，十澗，百澗，千澗，萬澗，十萬澗，百萬澗，千萬澗，萬萬澗曰政。一政，十政，百政，千政，萬政，十萬政，百萬政，千萬政，萬萬政曰載。一載，十載，百載，千載，萬載，十萬載，百萬載，千萬載，萬萬載曰極。右孫子數，錢滿載，天不容，地不載，故名曰載。」

孫子算經及敦煌石室「算經一卷并序」之大數，卽數術記遺及甄鸞五經算術之中數。甄鸞註數術記遺云「徐岳受記 億億曰兆，兆兆曰京，此卽上數也」。甄鸞通曉佛典，其所撰注，固深受佛說影響，而數術記遺，孫子算經諸書問世，并在佛說東來之後。當亦深受印度數法影響。

印度小數記法，則於元魏以後輸入中國。元魏興和三年(541)月婆首那 (Upasunya) 譯大寶積經卷八十八，卷八十九。歷舉：百分，千分，百千分，億分，(北周譯作俱致分，唐譯作拘胝分，卽百百千分)；百億分，千億分，百千億分，那由他分，(卽百百千億分)；百那由他分，千那由他分，百千那由他分，億那由他分，(卽百百千那由他分)；百億那由他分，千億那由他分，百千億那由他分，阿僧祇分，(卽百百千億那由他分)。此於小數記法之外，并及百百千進法。以舉義隱晦，故在中國影響較微。

39.　**瞿曇氏曆**　唐廣德二年(764)楊景風註文殊師利菩薩及諸仙所說吉凶時日善惡宿曜經卷上，第三，稱：

「景風曰：凡欲知五星所在者，

天竺曆術，推知同宿，其知也。

今有迦葉氏，瞿雲氏，拘摩羅，

等三家天竺曆，(并)掌在太史閣，

然今之用，多瞿曇氏曆，與本

(術)相參

(供)奉耳。」(註一)

據新唐書曆志，德宗時夏官正楊景正與徐承嗣治新曆，稱建中正元曆，以興元元年(784)頒行．楊景正通知曆法，其言當時三家天竺曆，就中迦葉氏，拘摩羅氏事蹟不詳。瞿曇氏掌曆之事，則詳於新唐書，舊唐書，計是時服務司天臺者有瞿曇羅，瞿曇悉達，瞿曇譔，瞿曇譔，瞿曇晏諸人．瞿曇羅官司天臺太史令凡三十餘年，曾於麟德三年(665)上經偉曆，神功二年(698)上光宅曆．瞿曇悉達於唐景雲三年(712)受詔修渾儀，先天二年(713)儀成．開元六年(718)受詔譯九執曆，新唐書藝文志有瞿曇悉達集大唐開元占經一百一十卷，卽寫九執曆也．開元十七年(729)頒行僧一行之大衍曆，時善算瞿曇譔者，怨不得預改曆事，二十

(註一)　據磧砂版大藏經本校．

一年(733)與陳玄景奏大衍寫九執曆，其術未盡。唐會要卷四十四，稱：「寶應元年(762)六月九日司天少監瞿曇譔奏…」云云。大唐甲子元辰曆一卷，新唐書，舊唐書作瞿曇譔作，通志及玉海作瞿曇謙作，二者當爲一人。通志氏族略五，瞿曇譔有子瞿曇晏任冬官正。故楊景風於廣德二年(764)註宿曜經稱瞿曇氏曆與本術相參供奉。

40. 婆羅門算法及聿斯經 唐費長房歷代三寶記(597)卷三稱：「周天和四年己丑(569)婆羅門天文二十卷，達摩流支(Dharmaruci，周曰法希)出」，同書卷十一又稱：「婆羅門天文二十卷，[天和年出]，右二十卷，(北周)武帝世摩勒國(Malasa?)沙門達摩流支，周言法希，爲大冢宰晉蕩公宇文護譯。大唐內典錄(664)卷五，尙記婆羅門天文二十卷。隋書卷三十四，經籍志，有：

「婆羅門天文經二十一卷，[婆羅門捨仙人所說]。

婆羅門竭伽仙人天文說三十卷，

婆羅門天文一卷，

婆羅門算法三卷，

婆羅門陰陽算曆一卷，

婆羅門算經三卷。」

就中婆羅門天文經二十一卷,當卽達摩流支在周天和四年(569)所譯之婆羅門天文二十卷。日本見在書目尙記有婆羅門陰陽算曆一卷,其後乃漸亡失。至其亡失之故,可於開元釋教錄(730)卷七知之。該書註稱:「……婆羅門天文二十卷,今以非三藏教,故不存之」,此書旣不入藏經,故不久卽行亡失。

聿斯經亦出於印度。新唐書卷五十九,藝文志,有:「都利聿斯經二卷,[貞元中(785—804)都利術士李彌乾傳自西天竺,有璩公者譯其文]。又陳輔聿斯四門經一卷」。考日本僧宗叡曾於天平十八年(746)六月由中國齎一批圖書回日本,事見日本續紀天平十八年條。其中卽有都利聿斯經一部五卷,見宗叡書寫請來法門等目錄,觀此則天竺之聿斯經在貞元前已傳世矣。宋史,藝文志,天文類,五行類,曆算類并有聿斯經。卽

「都利聿斯經一卷,
聿斯四門經一卷,
聿斯歌一卷;　　以上見宋史藝文志,天文類。
聿斯四門經一卷,
聿斯經訣一卷,
聿斯都利經一卷,
聿斯隱經三卷;　　以上見宋史藝文志,五行類。

閻子明注安修睦都利聿斯歌訣一卷，

聿斯隱經一卷，

聿斯妙利要旨一卷。　　以上見宋史，藝文志，曆算類。

第五章

天元術

41. 籌制 吾國古代算數用籌，初稱爲策，算書多稱爲算。漢，唐以後則以籌，籌算，籌策，算籌諸名互用。而宋代以後，俗稱爲算子。至其形式，則方言謂：「木細枝爲策」，說文竹部，稱：「算長六寸，計曆數者」，前漢書律曆志曰：「其算法用竹，徑一分，長六寸，二百七十一枚，而成六觚爲一握」，如圖（1）．其後北周甄

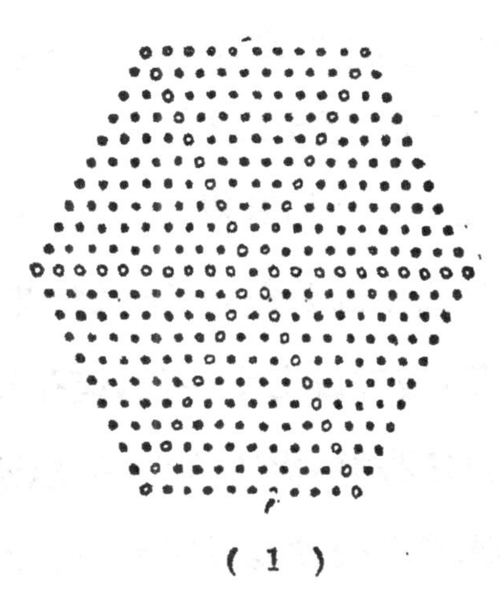

（1）

鸞註數術記遺稱：「積算，今之常算者也，以竹爲之，長四寸，以效四時；方三分，以象三才」．隋書律曆志曰：「其算用竹，廣二

分，長三寸。正策三廉積二百一十六枚，成六觚，乾之策也，負策四廉，積一百四十四枚，成方，坤之策也。觚方，皆徑十二，天地之數也」。如圖 (2), (3).

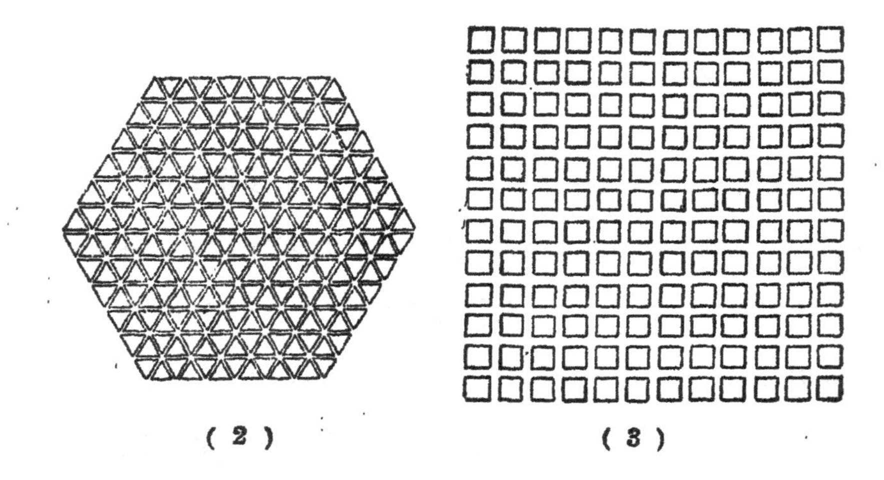

(2)　　(3)

考漢朝尺度，漢書食貨志，稱：「王莽居攝，變漢制，以周錢有子母相權，於是更造大錢，徑寸二分，重十二銖，文曰大錢五十」，所謂「大錢五十」卽「漢大泉五十」。今粗計得「大泉五十」直徑長二十七公釐，則六寸當爲一百三十五公釐，長不及半英尺，每枚徑一分，當二又四分之一公釐，積二百七十一枚，僅盈握也。此項長及半英尺之籌策，用以縱橫布算，尙嫌笨重。是以甄鸞註數術記遺減其長爲四寸，隋書律曆志減其長爲三寸也。至淸梅文鼎古算器考引浦江吳氏中饋錄亦有：「切肉長三寸，各如算子樣」之語。算籌用木用竹之外，尙有用鐵，用牙，用玉之例。其盛算之器，則有算袋，算謄，算子筒，諸器。

42. 籌位　孫子算經曰：「凡算之法，先識其位，一從十橫，百立千僵，千十相望，萬百相當」。又曰：「六不積，五不隻」。夏侯陽算經曰：「夫乘除之法，先明九九，一從十橫，百立千僵，千十相望，萬百相當．滿六已上，五在上方，六不積聚，五不單張」。敦煌石室「算經一卷并序」亦稱：「凡筭者正身端坐，一從右膝而起，……萬百相似，千十相望，六不積聚，五不單張」。如 6728 則作𝍮𝍦𝍪𝍧是也。至宋元算家始應用零號〇，四之簡號×，五之簡號ȯ或ō，九之簡號又或乂。卽：

	〇,	1,	2,	3,	4,	5,
縱者爲：	〇,	𝍠,	𝍡,	𝍢,	𝍣 或 ×,	𝍤, 或 ō,
橫者爲：	〇,	𝍩,	𝍪,	𝍫,	𝍬 或 ×,	𝍭, 或 ȯ,

	6,	7,	8,	9,
縱者爲：	𝍥,	𝍦,	𝍧,	𝍨, 或 又,
橫者爲：	𝍮,	𝍯,	𝍰,	𝍱, 或 乂,

其正負則以赤黑分籌．九章算術「方程」劉徽注曰：「正算赤，負算黑，否則以邪爲異」，亦有以形式分者，如隋書正策爲三角錐，負策爲方錐是也。宋楊輝以後，則於籌中加以邪籌，卽爲負數。如𝍢̸爲－3，又𝍥̸爲－6是也。

43. 籌算乘除　古籌算乘法之存於今者，以孫子算經所記爲最詳。依法演草，例如，324×753，則乘數，被乘數排列於上

下位，稱「重置其位」，如下式

		3	2	4	上位
					中位
7	5	3			下位

先以 $3\times7=21$ 中之 1 單位，置於 7 位之上，2 置於 1 之左，并列於中位，如：

			3	2	4	上位
2	1					中位
	7	5	3			下位

逐次以 3 乘 5, 3；分置於 5, 3 位之上，「退下位 (753) 一等，收上位 (3)」如：

				2	4	上位
2	2	5	9			中位
		7	5	3		下位

再以 2 遍乘 753，「退下位 (753) 一等，收上位 (2)」，如：

					4	上位
2	4	0	9	6		中位
			7	5	3	下位

最後同理得中位,「上下位俱收」,得:

2	4	3	9	7	2	中位

其除法亦以孫子算經所記爲最詳,依法演草,例如 $243972 \div 752$, 先置被除數 243972 於中位爲實,除數 752 於下位爲法,如下式

2	4	3	9	7	2	中位
			7	5	2	下位

除數步進二位,則商數當在百位,先求百位之商,約得 3, 如:

			3			上位
2	4	3	9	7	2	中位
	7	5	3			下位

因 $3 \times 753 = 2259$, 又 $2439 - 2259 = 180$, 即被除數商 3 後,餘 18072,「退下位一等」,再求十位之商,約得 2, 如:

			3	2		上位
	1	8	0	7	2	中位
		7	5	3		下位

因 $2\times753=1506$, 又 $1807-1506=201$, 卽被除數商 2 後，餘 2012,「退下位一等」,再求單位之商，約得 4, 如：

	3	2	4	上位
2	0	1	2	中位
	7	5	3	下位

因 $4\times324=2012$, 又 $2012-2012=0$, 卽被除數商 4 後，無餘.「中位并盡，收下位，上位所得」爲商，如：

3	2	4	上位

44. 籌算開方　籌算開方之見於九章算術者，其開平方布算列爲商、實、法、借算四級，例如：求 55225 之平方根.先「置積爲實」，於單位下「借算」1, 列式如：

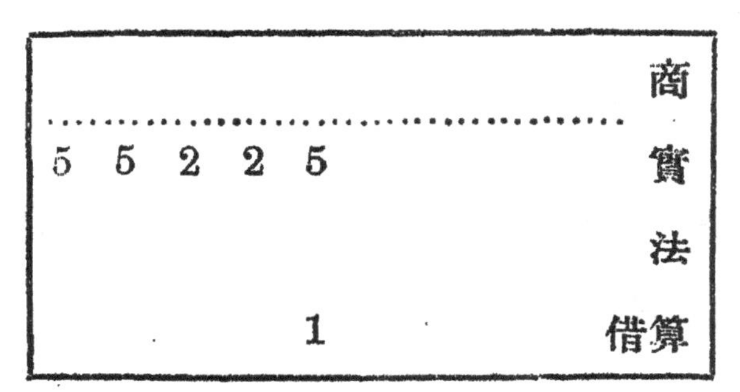

因實有五位，移借算於百位，則商(卽根)有十位數：移借算於萬位，則商有百位數.是謂：「借一算步之，超一等」.今移借算 1 於萬位 5 下，則知根之百位數爲 2. 因 $(2)^2=4$, 又 $5-4=1$.

則去 5 留 1，并於借算 1 上，置根之百位數 2，稱之爲「法」，列式如：

		2			商
1	5	2	2	5	實
2					法
1					借算

次「倍法，爲定法」，卽 $2\times(2)=(4)$，列式如

		2			商
1	5	2	2	5	實
4					法
1					借算

「定法」4 一退，「借算」1 二退於百位，則商在十位．以 $15\div4=3$ 餘 3，約得根之十位數爲 3．因 $4\times3<15$；$43\times3<152$；又 $152-43\times3=23$．故確知根之十位數爲 3，置 3 於商數十位，又置 3 於「定位」4 後，次第列式如：

		2			商
1	5	2	2	5	實
	4				法
		1			借算

	2	3		商
2	3	2	5	實
4	3			法
	1			借算

次於「法」位43加入3.得46爲「定法」.列式如:

	2	3		商
2	3	2	5	實
4	6			法
	1			借算

「定法」46一退,「借算」1二退.商在單位.以 $232\div46=5$ 餘 2, 約得根之單位數爲 5, 因 $46\times5<232$, $465\times5=2325$. 故確知根之單位數爲 5. 卽得 $\sqrt{55225}=235$, 次第列式如

	2	3		商
2	3	2	5	實
	4	6		法
			1	借算

	2	3	5	商
2	3	2	5	實
	4	6	5	法
			1	借算

上列開方適盡，如不盡則以餘數附加二位。再於「法」位 465 加入 5 得 470 爲「定法」，如前退位約商。劉徽注九章謂「加定法如前，求其微數」是也。孫子算經則剏爲實、方、廉、隅諸名，以取開方。後此張丘建算經，夏侯陽算經，五經算術，開元大衍曆經，(註一)宋賈憲立成釋鎖幷沿用其法．今用九章算術原題，而以孫子算經卷中術語解說如次，用作比較．例如：求 55225 之平方根．術曰：「置積爲實，次借一算爲下法．」

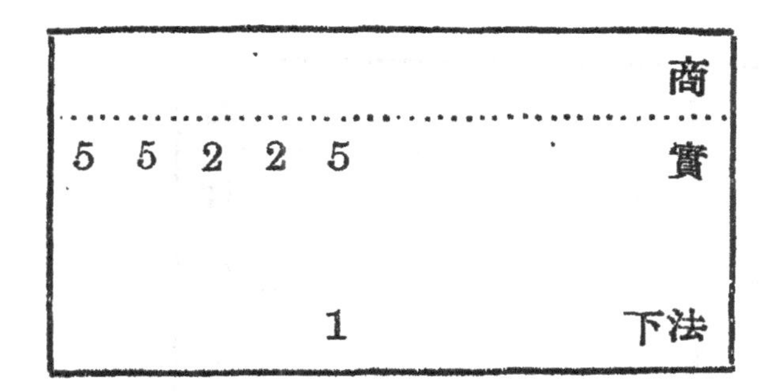

					商
5	5	2	2	5	實
				1	下法

「步之超一位，至百而止．商置 2 百，於實之上．副置 2 萬於實之下，下法之上，名爲方法．命上商 2 百，除實，除訖」

(註一)　見舊唐書卷三十四，志第十四，曆三．

		2			商
1	5	2	2	5	實
2					方法
1					下法

「倍方法一退；下法再退.」

		2			商
1	5	2	2	5	實
4					方法
1					下法

		2			商
1	5	2	2	5	實
	4				方法
		1			下法

「復置上商 3 十，以次前商；副置 3 百於方法之下，下法之上，名爲廉法.方，廉各命上商 3 十，以除訖.」

	2	3		商
2	3	2	5	實
4				方法
	3			廉法
	1			下法

「倍廉法，上從方法」

	2	3		商
2	3	2	5	實
4	6			方(廉)法
	1			下法

「一退方法，下法再退」

	2	3		商
2	3	2	5	實
	4	6		方(廉)法
			1	下法

「復置上商5，以次前(商)；副置5於方法之下，下法之上，名曰隅法。方、廉、隅、各命上商，5，除實，除(盡)。」

	2	3	5	商
2	3	2	5	實
	4	6		方(廉)法
			5	隅法

上列開方適盡，如不盡，則「倍隅法，從方法」爲母，「不盡」爲子附分數於整數後。如式：$\sqrt{a^2+r}=a+\frac{r}{2a}$. 巴比侖人亦有同等算式，如

$$\sqrt{h^2+w^2}=h+\frac{w^2}{2h},$$

是也。(註一) 九章算術開立方，布算列爲商、實、法、借算四級。幷於「法」下，「借算」上列「中」，「下」二級，或副置之。其「下」之一級與「借算」級位次相當。例如：求 34012224 之立方根，先「置積爲實」，於單位下置「借算」1，列式如：

									商
3	4	0	1	2	2	2	4		實
									法
									(中)
							1	(下)，借算	

(註一) O. Neugebauer, Yorlesungen Über Geschichte der Antiken Mathematischen Wissenschaften, Bd. I: Vorgriechische Mathematik (1934), p. 35, 作：

$$\sqrt{h^2+w^2}=h+\frac{w^2}{2h}.$$

因實有七位，移借算於千位，則商（卽根）有十位數，移借算於百萬位，則商有百位數，是謂：「借一算步之，超二等」，今移借算1於34下，則知根之百位數爲3，因 $(3)^3=27$，$34-27=7$，則去34留7，幷於借算1上，置根之百位數3之再乘數 $(3)^2$ 爲法，列式如：

								商
	7	0	1	2	2	2	4	實
	9							法
								（中）
	1							（下），借算

次「三之，爲定法」，卽以常數'3'乘 $(3)^2$，或 $3\times(3)^2=27$，列式如：

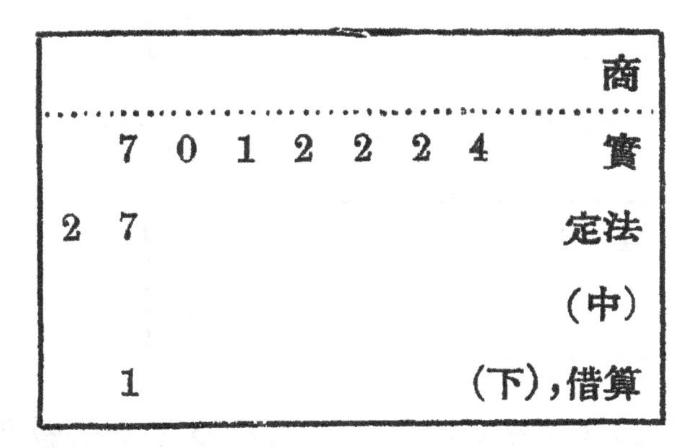

								商
	7	0	1	2	2	2	4	實
2	7							定法
								（中）
	1							（下），借算

「定位」27一退，「借算」1三退至千位，則商在十位，列式如：

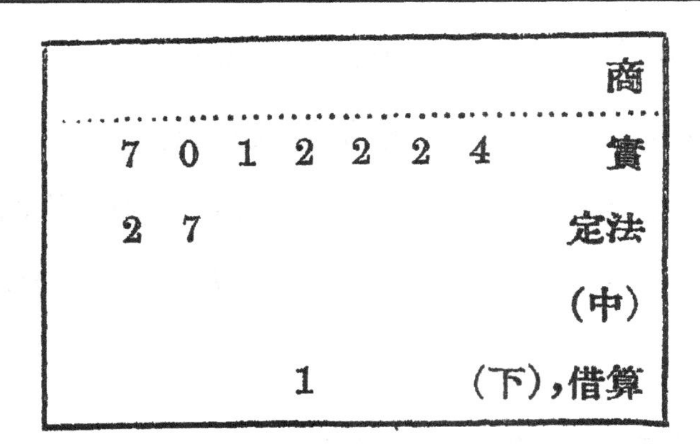

次副置中下二位．中位以常數'3',乘百位商數 3, 下位以常數爲'1',而下位與「借算」位相當,如:

	9	中
	1	下

「中超一位」,如:

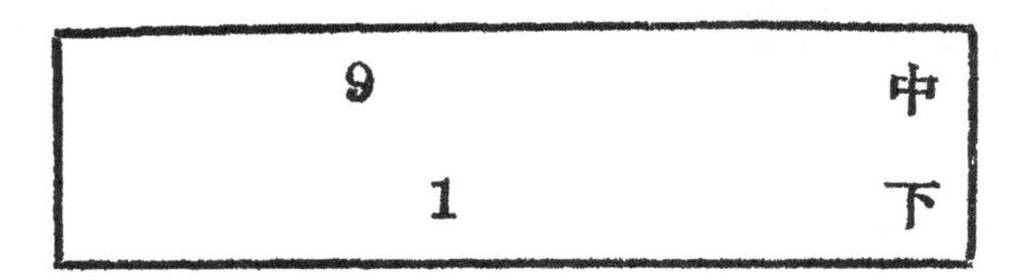

假定根之十位數爲 2, 則以 2 乘中位, $(2)^2$ 乘下位,得:

1	8	中
	4	下

以「中」,「下」位數加入定法, 得 2884, 次以根之十倍數 2 乘 2884, 以減 7012, 即 $7012-2\times2884=1244$, 如:

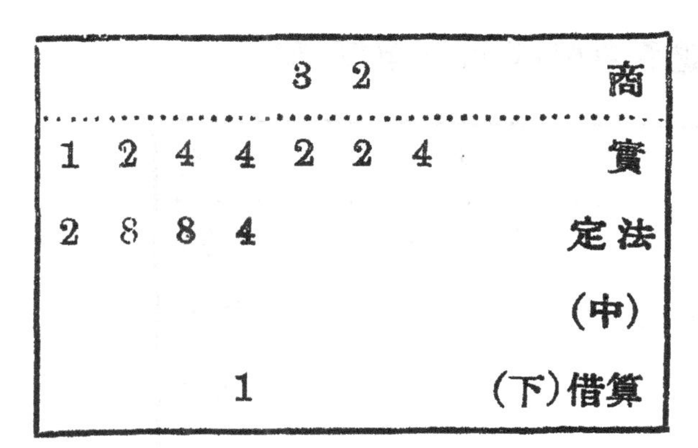

				3	2		商
1	2	4	4	2	2	4	實
2	8	8	4				定法
							(中)
			1				(下)借算

次於前之副置式內

1	8		中
		4	下

「倍下，併中」，卽 $2\times 4+18\times 10=188$，加入定法；得 3072，列式如

				3	2		商
1	2	4	4	2	2	4	實
3	0	7	2				定法
							(中)
			1				(下)借算

假定　$300=a,\ 20=b,$

則　$2884=3a^2+3ab+b^2;$

$$3072=[(3a^2+3ab+b^2)+(3ab+2b^2)]=3(a+b)^2$$

定法一退，借算三退至單位，則商在單位，如：

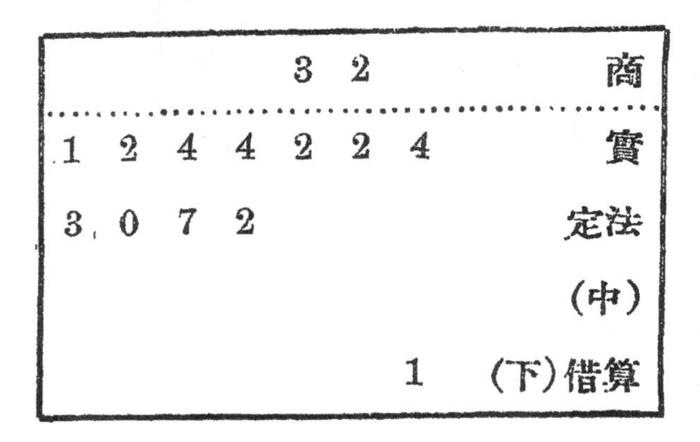

				3	2		商
1	2	4	4	2	2	4	實
3	0	7	2				定法
							（中）
						1	（下）借算

再如前例，副置中下位，如

					9	6	中
						1	下

「中超一位」如

				9	6		中
						1	下

假定根之單位數爲 4，則以 4 乘中位，$(4)^2$ 乘下位，得：

			3	8	4		中
					1	6	下

加入定法，得 311056，如：

				3	2	4	商
1	2	4	4	2	2	4	實
	3	1	1	0	5	6	定法
							（中）
						1	（下）借算

乘 4 除實適盡，則 324 爲 34012224 之立方根。(註一)

至張丘建算經開立方，則布算列於商、實、方法、廉法、隅、下法、六級。例如：求 34012224 之立方根。先「借一算子於下爲下法，常超二位，步至 10^n」，如：

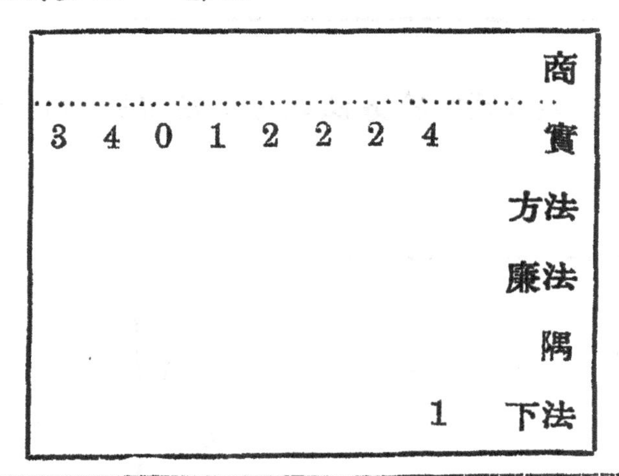

								商
3	4	0	1	2	2	2	4	實
								方法
								廉法
								隅
							1	下法

(註一) 九章算術開立方次序，可以下式說明之。即：

$$(a+b)^3=a^3+(3a^2+3ab+b^2)b$$

$$(a+b+c)^3=a^3+(3a^2+3ab+b^2)b +\{(3a^2+3ab+b^2)+(3ab+2b^2)+[3(a+b)c+c^2]\}c$$

$$(a+b+c+d)^3=a^3+(3a^2+3ab+b^2)b +\{(3a^2+3ab+b^2)+(3ab+2b^2)+[3(a+b)c+c^2]\}c +\{(3a^2+3ab+b^2)+(3ab+2b^2)+[3(a+b)c+c^2] +[3(a+b)c+2c^2]+[3(a+b+c)d+d^2]d\}.$$

「上商 x_1 置 10^n 位下,置 $x_1^2(10^n)^3$ 於下法之上,名曰方法,以法命上商,除實.」

				3			商
7	0	1	2	2	2	4	實
9							方法
							廉法
							隅
1							下法

「方法三因之,又置 $x_1(10^n)^3$ 於方法之下,名曰廉法,三因之.」

								商
	7	0	1	2	2	2	4	實
2	7							方法
	9							廉法
								隅
	1							下法

「方法一退,廉法二退,下法三退」

			3				商
7	0	1	2	2	2	4	實
2	7						方法
		9					廉法
							隅
			1				下法

「又置 x_2 於上商 10^{n-1} 位下，置 $x_2^2(10^{n-1})^2$ 於下法之上，名曰隅法，以 x_2 乘廉法。以方、廉、隅、三法，皆命上商，除實。」

			3	2			商
1	2	4	4	2	2	4	實
2	7						方法
	1	8					廉法
			4				隅
			1				下法

「畢，又倍廉法，三因隅法，皆從方法。又置 $(x_1\cdot10^n+x_2\cdot10^{n-1})$ 於方法之下，三因之，名曰廉法。」

				3	2		商
1	2	4	4	2	2	4	實
3	0	7	2				方法
		9	6				廉法
							隅
			1				下法

「方法一退，廉法再退，下法三退．」

				3	2		商
1	2	4	4	2	2	4	實
	3	0	7	2			方法
				9	6		廉法
							隅
						1	下法

「又置 x_3 於上商 10^{n-2} 位下，置 $x_3^2\cdot(10^{n-2})^3$ 於下法之上，名曰隅法．以 x_3 乘廉法．以方、廉、隅、三法，皆命上商，除實．」

			3	2	4		商
1	2	4	4	2	2	4	實
	3	0	7	2			方法
			3	8	4		廉法
					1	6	隅
						1	下法

開立方不盡，張丘建算經，唐劉孝孫細草，謂：

$$\sqrt[3]{1572864}=116\frac{11968}{40369},$$

$$\sqrt[3]{1293732}=108\frac{34020}{34993},$$

幷以 $$\sqrt[3]{a^3+r}=a+\frac{r}{3a^2+1}$$ 也.

45. 籌算二三次方程　開方初商以後，求次，三商已爲帶從開方式．漢唐以後各算書多記載二三次方程式．如趙君卿「方股方圓圖注」有：

$x^2+px-A=0$，已知 $p=b-a$，$A=ab$，可求得 $x=a$．

$y^2+qy-B=0$，已知 $q=2b$，　$B=a^2$，可求得 $y=c-b$，

二式．九章算術句股章亦有一問，用

$$x^2+(14+20)x=2(1775\times 20)$$

計算．張丘建算經有二問，列式如：

$$x^2+68\frac{3}{5}x=2\times514\frac{31}{45},\quad x=12\frac{2}{3},$$

$$x^2+15x=594.\qquad x=18,$$

至唐王孝通緝古算經則具有:

$$x^2=A,\ x^2+px=A,\ x^3+px^2=A,$$

$$x^3+px^2+qx=A,\ x^4+qx^2=A.$$

諸式。

其三次方程式計算方法，則張丘建算經開立方除法，已箸錄「實」,「方法」,(x 之係數),「廉法」,(x^2 之係數),「偶」,(x^3 之係數),「下法」各位，條序整齊，如:

$$x^3=34012224,\ x_1=300,\ 後變式爲:$$

$$x_2^3+900x_2^2+270000x_2=7012224,$$

幷具三次方程式形式。後此宋元時代之「天元術」演算多次方程式，當亦由此演進。

46. 天元術 天元術者以天元一之「元」字代未知數。或以太極之「太」，記絕對項，書於係數之旁，因而說明多次方程式各項之地位。其源流則據祖頤四元玉鑑後序稱:「平陽蔣周撰益古，博陸李文一撰照膽，鹿泉石信道撰鈐經，平水劉汝諧撰如積釋鎖，絳人元裕細草之，後人始知有天元也。」其法李治測圓海鏡言之獨詳，如:

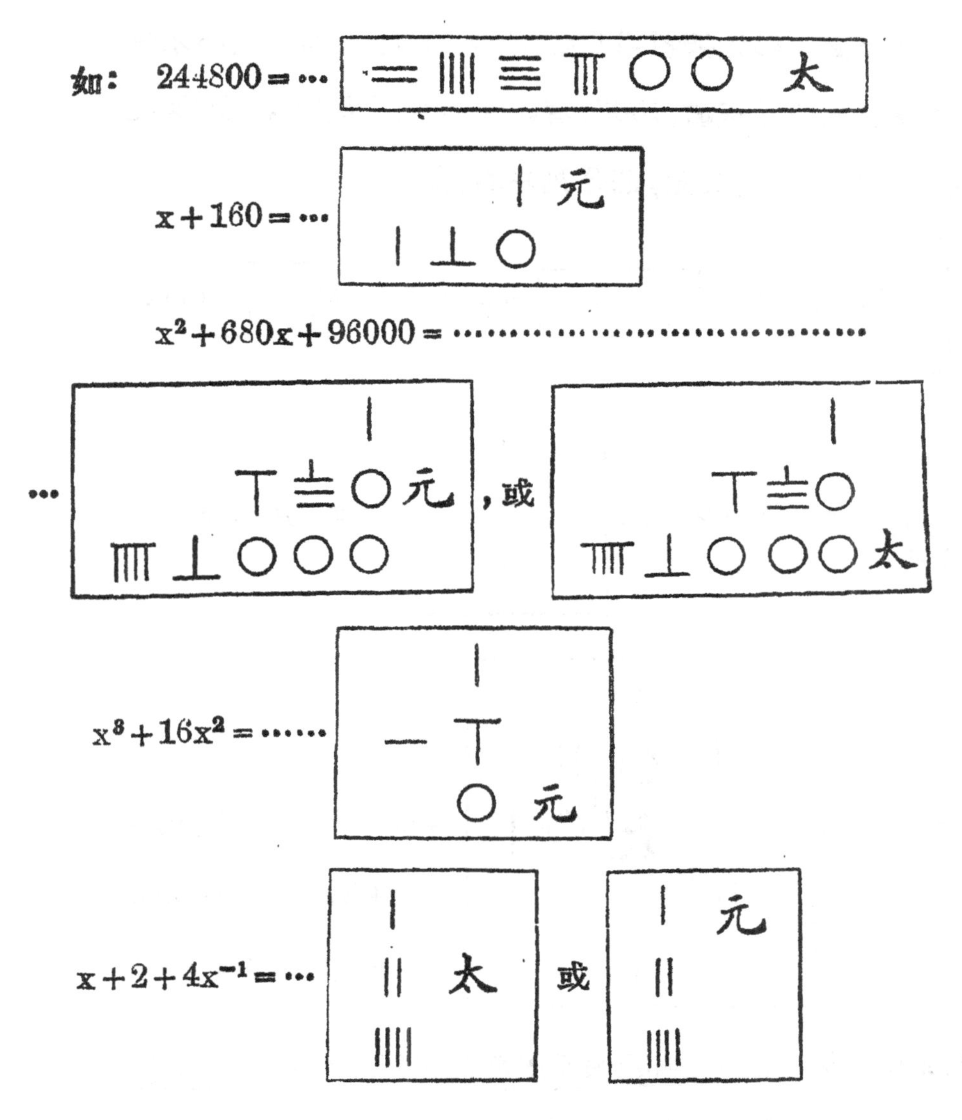

此所謂「太在元下」者，但亦有「元在太下」者，如李治敬齋古今黈稱：「獨太原彭澤彥材法，立天元在下．凡今之印本復軌等，俱下置天元者，悉踵彥材法耳」．其後郭守敬授時曆草亦「元在太下」．

47.　四元術　四元術者以「天」,「地」,「人」,「物」代四未知數.就中其見於四元玉鑑(1303)者,「天」元在「太」下,「太」又在「物」元下,「地」,「人」二元,則分列左右,如:

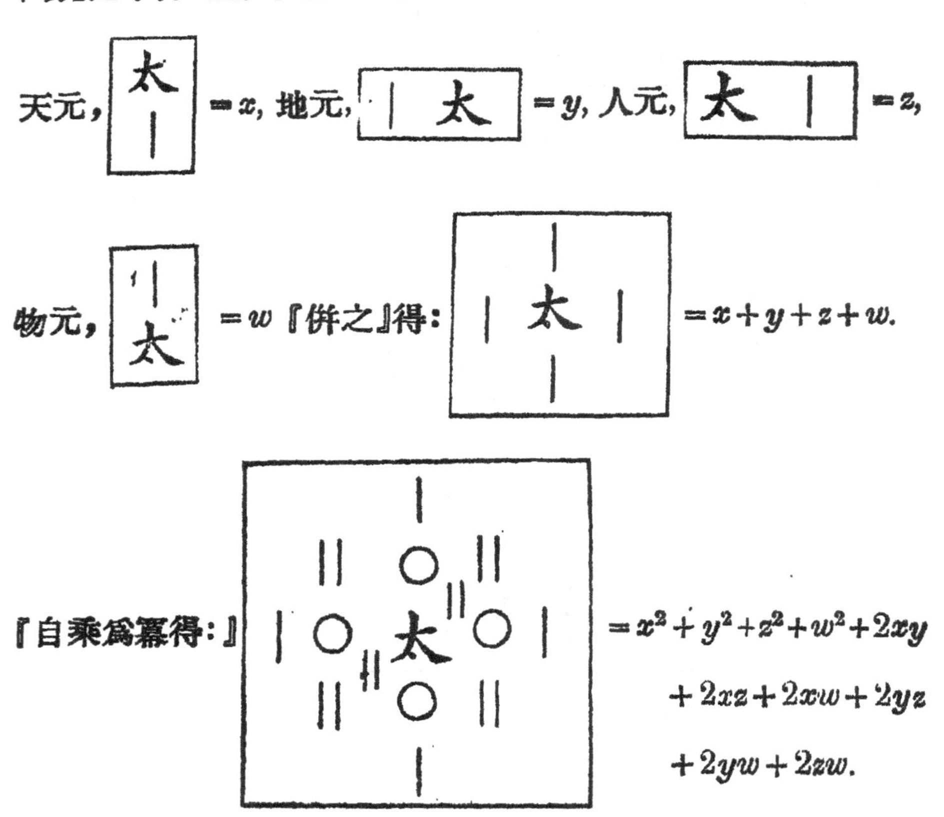

此項四元術亦逐漸演進.祖頤四元玉鑑後序稱:「平陽人李德載撰兩儀羣英集,兼有地元」.李治敬齋古今黈稱:「予至東平,得一算經,大概多明如積之術,以十九字志其上下層數.曰:仙、明、霄、漢、壘、層、高、上、天、人、地、下、低、減、落、逝、泉、暗、鬼.此蓋以人爲太極,而以天、地、各自爲元,而涉降之」.祖頤又稱:「霍

山邢頌不高弟劉大鑑字潤夫，撰乾坤括囊，末有人元二問.」，蓋於天元，地元之外，復以人元爲第三未知數矣.至燕山朱世傑字漢卿號松庭乃按天、地、人、物、立成四元，撰四元玉鑑三卷，分門二十四，立問二百八十八，大德癸卯(1303)臨川莫若序而傳焉.

48.　天元四元術舉例　宋元時代之天元術，卽現代之代數學.其言正負條例，亦最詳盡.朱世傑算學啓蒙(1299)卷首「總括」有:「明正負術

其同名相減，　　則異名相加，

正無入負之，　　負無入正之，

其異名相減，　　則同名相加，

正無入正之，　　負無入負之.」

舉例而言，卽:

$$(+4)-(+3)=+(4-3),\text{ 則 }(+4)-(-3)=+4+3;$$

$$0-(+4)=-4,\text{ 又 }0-(-4)=+4;$$

$$(+p)-(-q)=+p+q,\text{ 則 }(-p)-(+q)=-(p+q);$$

$$0+(+4)=+4,\text{ 又 }0+(-4)=-4\text{ (註一)}$$

其正負開方，卽高次方程式解法，屢見於宋元各算家著書.如元

(註一)　見 D. E. Smith and Y. Mikami (三上義夫), A. History of Japanese Mathematics, (1914), p. 56.

朱世傑算學啓蒙(1299)卷下,「開方釋鎖門」,有一問云:

「今有立方冪一萬七千五百七十六尺,間爲方面幾何.

答曰:二十六尺.

術曰:列冪一萬七千五百七十六尺爲實,借一算於六尺之下,名曰隅法.

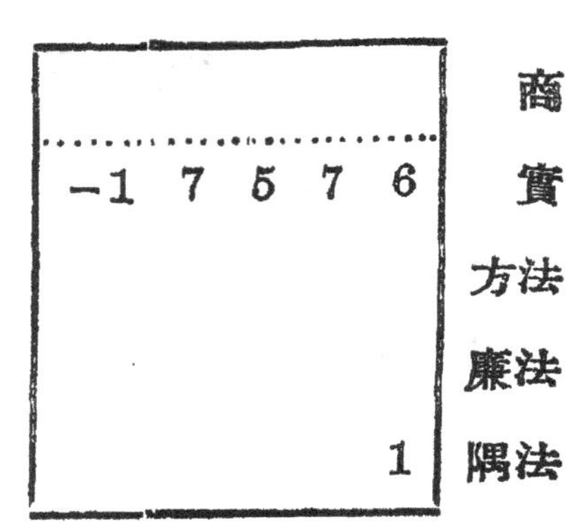

常超二位約實,至千尺下止.

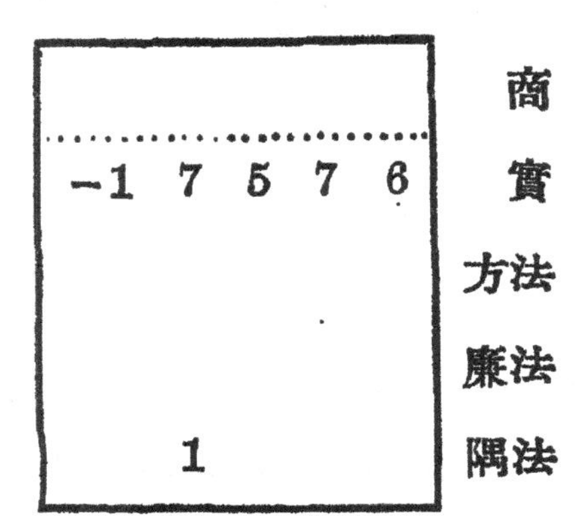

乃上商二十,以隅法因上商二十,得二千,於隅法之上,方法之下,名曰廉法;又廉法因上商二十,得四千,於廉法之上,實數之下,名曰方法;乃命上商,除實八千,實餘九千五百七十六.

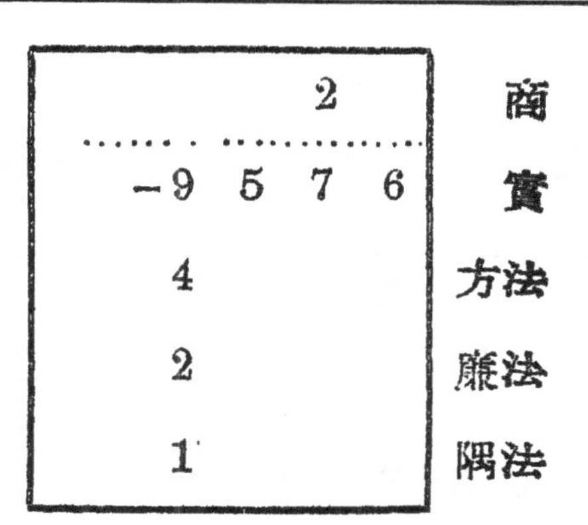

以隅法因上商二十，加入廉法；又廉法因上商二十，加入方法，又隅法因上商二十，加入廉法．方法得一萬二千，廉法得六千．

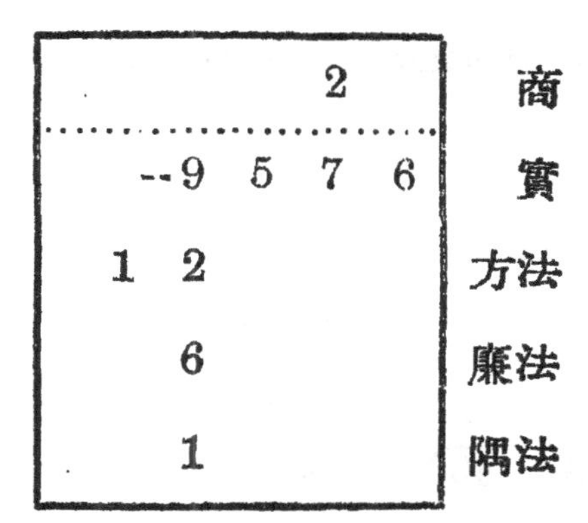

方法一退，廉法再退，隅法三退，續又商六尺．

		2	6	商
−9	5	7	6	實
1	2			方法
		6		廉法
			1	隅法

以隅法因上商六尺，加入廉法，又廉法因上商六尺，加入方法，得一千五百九十六，乃命上商，除實，恰盡。合問。」

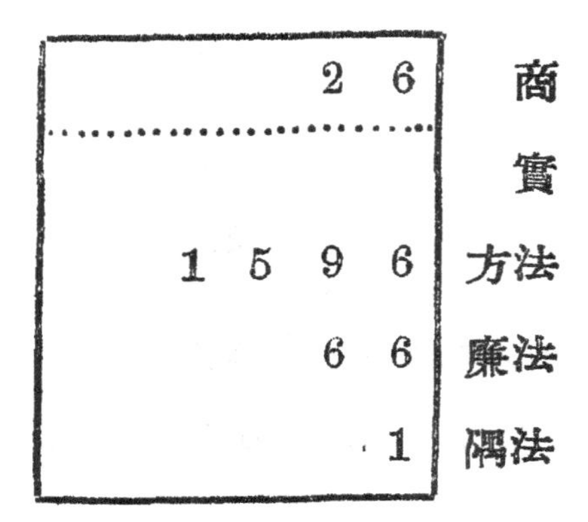

上述開立方，可以和湼法 (Horner's method, 1819) 相類之法記之。卽：

$$x^3-17576=0$$

$$\begin{array}{rrrr}
1 & & & -17576 \\
 & 20 & 400 & 8000 \\
\hline
1 & 20 & 400 & -9576 \\
 & 20 & 800 & \\
\hline
 & 40 & 1200 & -9576 \\
 & 20 & & 9576 \\
\hline
1 & 60 & 1200 & 0 \\
 & 6 & 396 & \\
\hline
1 & 66 & 1596 &
\end{array}$$

至四元術和會消剔之例，今試以朱世傑四元玉鑑「四象細草假令之圖」第四問「四象會元」爲例。

「四象會元：

今有股 (b) 乘五較(句股較，$b-a$，句弦較，$c-a$，股弦較 $c-b$，弦較較，$c-\overline{b-a}$，弦和較 $a+b-c$)，與弦冪 (c^2) 加句乘弦 $(a\times c)$ 等。只云句 (a) 除五和(句股和，$a+b$，句弦和，$a+c$，股弦和，$b+c$，弦和和 $a+b+c$，弦較和 $c+\overline{b-a}$)，與股冪 (b^2) 減句弦較 $(c-a)$ 同。問黃方 $(a+b-c)$ 帶句股弦 $(a+b+c)$ 共幾何？

答曰：一十四步

草曰：立天元一爲句，地元一爲股，人元一爲弦，物元一爲問數，四象和會求之，求得今式：

卄	太	丨
○	丨	○

如題意

$$b\{(b-a)+(c-a)+(c-b)+(c-\overline{b-a})+(a+b-c)\}=c^2+ac.$$

又

$$\frac{(a+b)+(a+c)+(b+c)+(a+b+c)+(c+b-a)}{a}=b^2-(c-a).$$

求 $(a+b-c)+(a+b+c)$

令 $x=a,\ y=b,\ z=c,$

$$w=(a+b-c)+(a+b+c)$$

因，五和 $=2a+4b+4c,$

五較 $=2c.$

如題意，得今式：

$$x-2y+z=0;$$

求得云式：

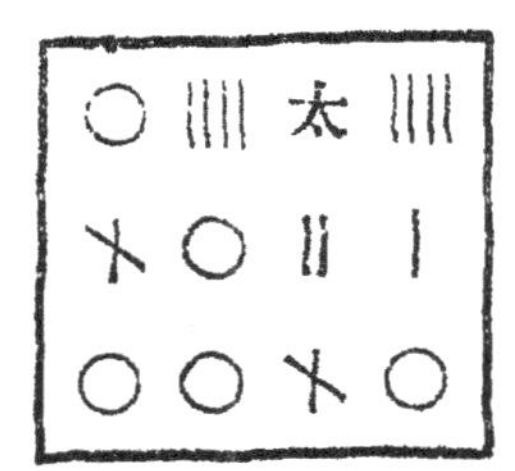

得云式：

$$2x-x^2+4y-xy^2+4z+xz=0;$$

求得三元之式：

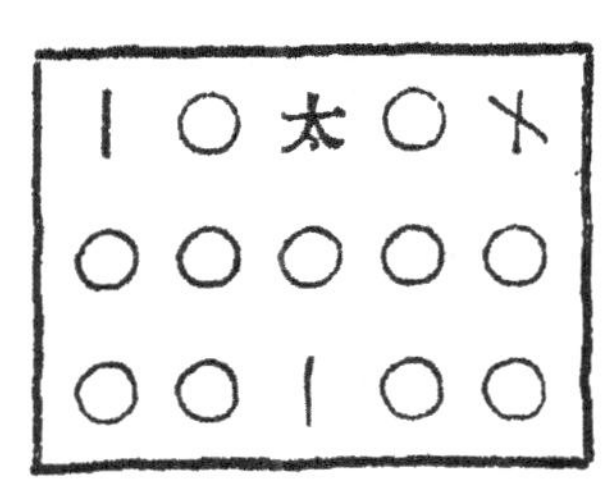

得三元之式：

$$x^2+y^2-z^2=0;$$

求得物元之式：

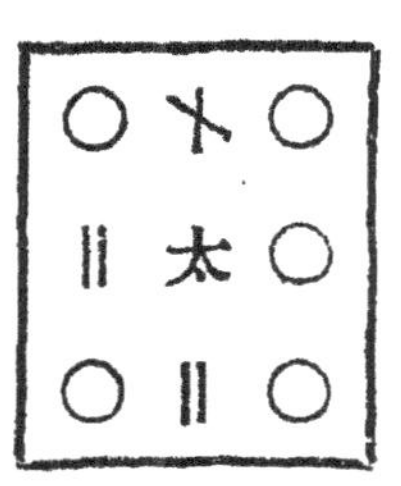

得物元之式：

$$2x+2y-w=0.$$

四元和會消而剔之。

從今式及云式，則二式相消，

如：

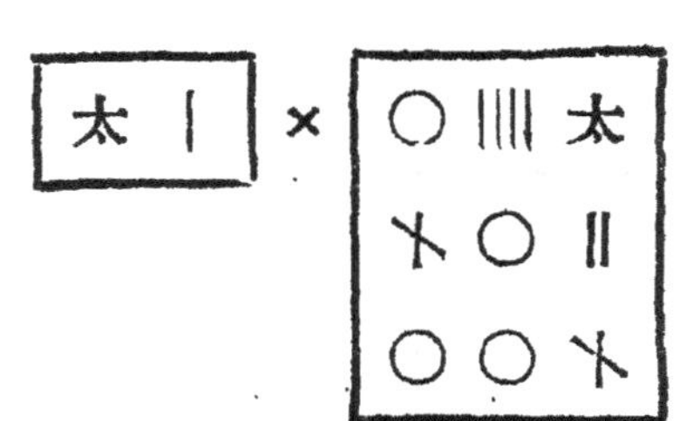

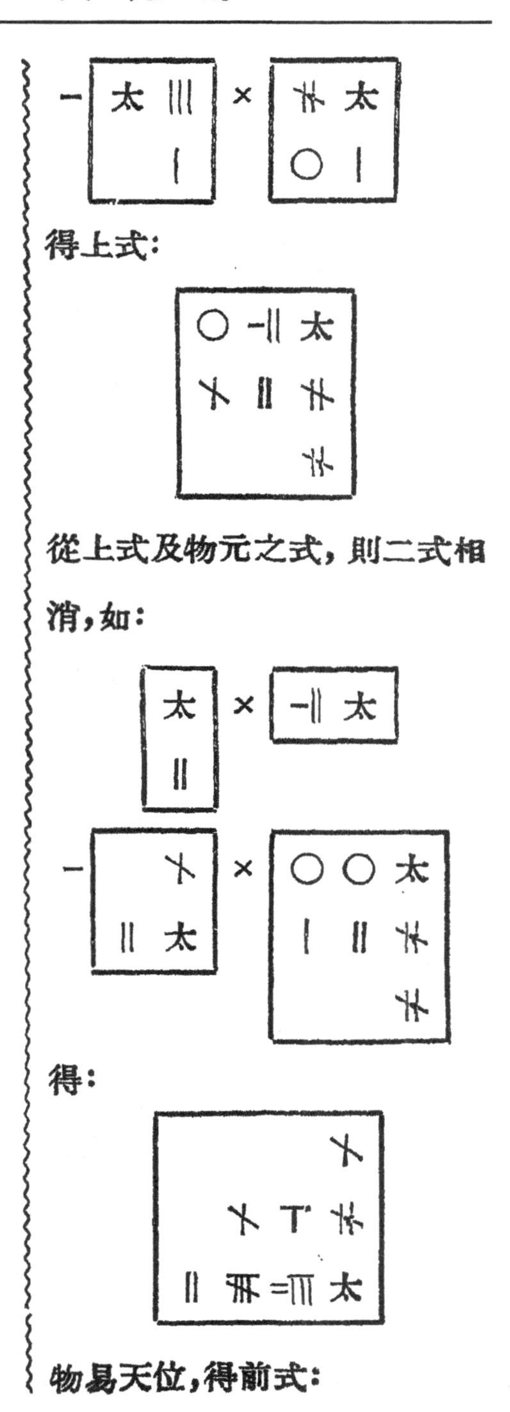

皆物易天位，得前式：

物易天位，得前式：

後式:

便爲左行.

以左行消(前)式,得:

又從今式及三元之式，則二式相消,得下式:

從上式及物元之式，則二式相消得:

物易天位,得後式:

以左行消前式,得:

又以左行消上式,得:

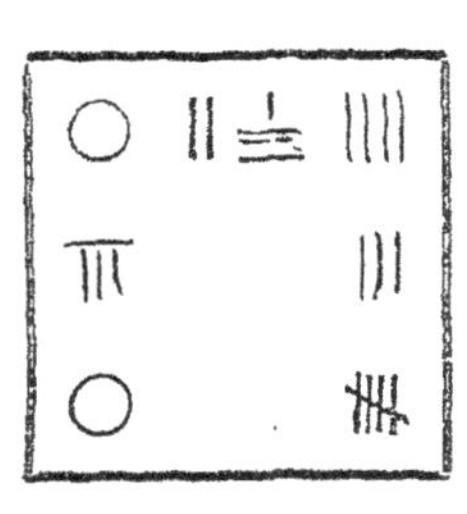

便爲右行，內二行得式：

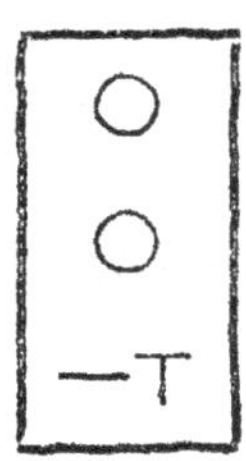

其外二行得式：

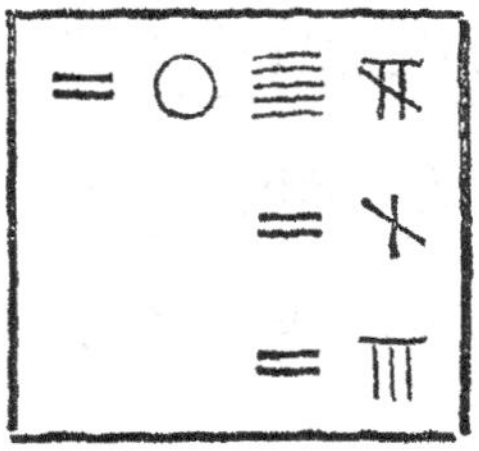

內外二行相消，三約得開方式：

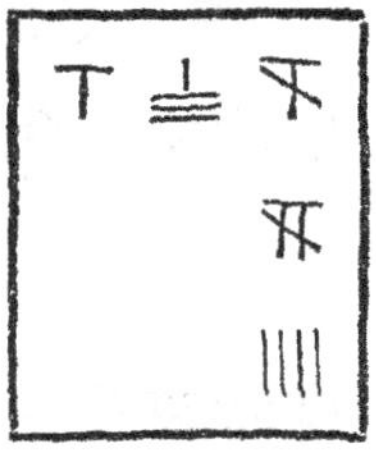

平方開之，得一十四步，合前問。」

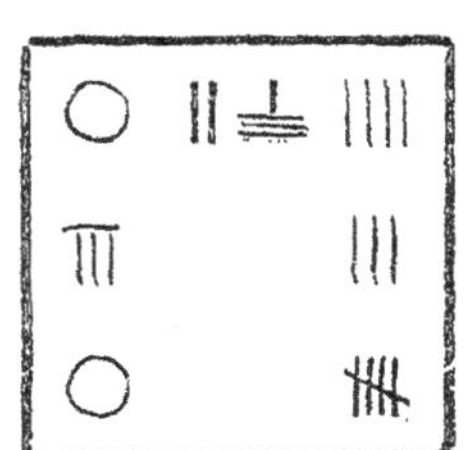

第六章

宋元算學

49. 宋金元算書 近世後期算學以宋元爲代表，其算書之箸錄於宋史藝文志，崇文總目，祕書省續編到四庫全書，算法統宗，通志者，計：

宋史藝文志，有：李紹穀求一指蒙算術玄要一卷，夏翰(一作翺)新重演議海島算經一卷，徐仁美增成玄一算經三卷(宋王堯臣，1001—1056，崇文總目同，宋史律曆志作增成玄一法)，任弘濟一位算法問答一卷(崇文總目同)，楊鍇明微算法一卷，(崇文總目作三卷)，法算機要賦一卷，(崇文總目同)，法算口訣一卷，(崇文總目作算法口訣一卷)，算法祕訣一卷，(崇文總目同)，算術玄要一卷，(崇文總目同)，五曹乘除見一捷例算法一卷(崇文總目捷作切)，求一算法一卷，(崇文總目作三卷)，解法求一化零歌一卷.

宋紹興中，官撰祕書省續編到四庫書目，復有：應時算法一卷，算法序說一卷，算法一卷，乘除算例一卷，里田要例算法一卷。

宋鄭樵通志有:青陽人中山子著算學通元九章一卷。

明程大位算法統宗內「算經源流」條,稱:宋元豐七年(1084)刊(算經)十書入祕書省,又刻於汀州學校:

黃帝九章　周髀算經　五經算法　海島算經

孫子算經　張丘建算經　五曹算經　輯古算經

夏侯陽算經　算術拾遺。

元豐 1078—1085,紹興(1131—1162),淳熙(1178—1189)以來刊刻者,有議古根源(中山劉益撰),益古算法(平陽蔣周撰),證古算法,明古算法,辯古算法,金科算法,指南算法,應用算法(平陽蔣舜元撰,宋陳振孫直齋書錄解題卷十四作一卷,元豐三年,1080,郭京序。袁本,1250宋晁公武郡齋讀書志卷三作三卷),曹唐算法(南宋尤袤遂初堂書目作曹唐算經),賈憲九章(宋史作賈憲黃帝九章細草九卷),通微集,通機集,盤珠集,元盤集,三元化零歌(宋史藝文志有張祚注法算三平化零歌一卷,崇文總目「法算」作「算法」),鈐經(鹿泉石信道撰),鈐釋諸書.程氏所舉各書除算經十書外已全亡失.就中議古根源,辯古根源,指南算法,應用算法,賈憲九章,鈐經諸書,宋楊輝著書曾引述之。其天元四元演進之序,祖頤四元玉鑑後序說述較詳.後序稱:「平陽蔣周撰益古,博陸李文一撰照膽,鹿泉石信道撰鈐經,平水劉汝諧撰如積釋鎖，絳人元裕細草之，後人始知有天元也。平陽李德載因撰兩儀羣英集臻，兼有地元。霍山邢先生頌不高弟劉大鑑潤夫撰乾坤括囊，末僅有人元二問。吾友燕山朱(世傑)漢卿先生，演數有年，探三才之頤，索九章之隱，按天地人物，立成四元，……書成，名曰四元玉鑑」。祖頤後序題：「大德登科二月甲子滹納心齋祖頤季賢父序」，其「登科」二字當爲「癸卯，(1303)」之誤。同時算家箸述流傳至今者：秦九韶有數學九章十八卷(1247)，李治有測圓海鏡二十卷(1248)，益古演段三卷(1259)，楊輝有詳解九章算法，後附纂類十二卷(1261)，詳解算法若干卷，日用算法二卷(1262)，乘除通變本末三卷(1274)，田畝比類乘除捷法二卷(1275)續古摘奇算法二卷(1275)．朱世傑算學啓蒙三卷(1299)，四元玉鑑三卷(1303)．其與李治同時者，則楊雲翼(1170—1228)箸有句股機要(明陳第世善堂藏書目錄有金楊雲翼句股機要一卷)，象數雜說，積年雜說藏於家。李治則於敬齋古今黈稱：「予在東平，得一算經，大概多明如積之術」．又稱「獨太原彭澤彥材法，天元一在下．凡今本復軌等俱下置天元者，悉踵彥材法耳」．其測圓海鏡(1246)序稱：「老大以來得洞淵九容之說」．復次見於明王圻續文獻通考，及明陳第世善堂書目者，尙有陳尙德石塘算書四卷，陳字玉汝，寧德人．又彭絲算經圖釋九卷．彭絲一作彭綠(1239—1299)，字魯叔，江西安福人。其見於明人箸錄，而流傳於今者，又有丁巨算法八卷(1355)，殘本不足一卷。其元代算書，經明人輯刻者，則趙友欽革象新書五卷，明王煒刪定為二卷。賈亨算法全能集二卷，賈亨永樂大典引作賈通，有明刊本行世。安止齋何平子詳明算法上下二卷，有洪武癸丑(1373)盧陵李氏明經堂刊本行世。凡此所錄，多不載入官書。而宋金元三百年間算學流傳之盛，已可窺見矣。

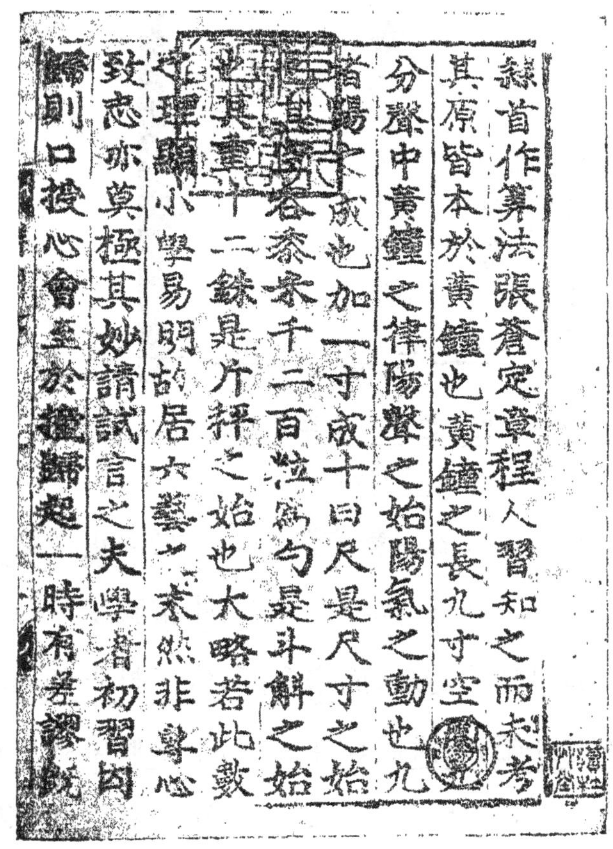
録首作算法張蒼定章程人習知之而未考
其原皆本於黃鍾也黃鍾之長九寸空
分聲中黃鍾之律陽聲之始陽氣之動也九
者陽之成也加一寸成十曰尺是尺寸之始
也[illegible]容黍禾千二百粒為勺是斗斛之始
也其重十二銖是斤秤之始也大略若此數
之理雖小學易明故居六藝之末然非專心
致志亦莫極其妙請試言之夫學者初習因
歸則口授心會至於撞歸起一時有差謬既

第九圖甲　安止齋，何平子詳明算法

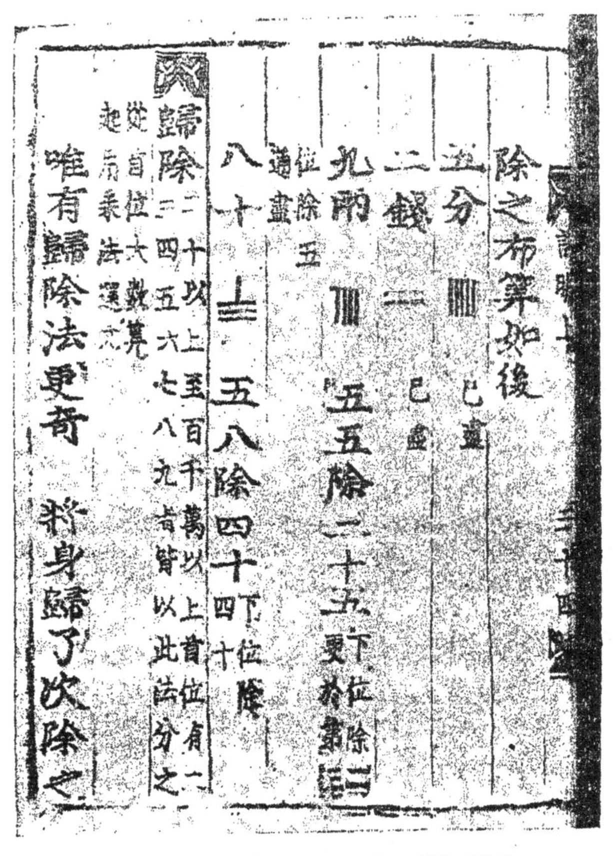
除之布算如後
五分 已盡
二錢 已盡
九兩 五五除二十五 下位除二
位除五 通盡
八十 五八除四十 下位除四十
歸除二十以上至百千萬以上首位有一二三四五六七八九者皆以此法分之
唯有歸除法更奇 將身歸了次除之

第九圖乙　安止齋，何平子詳明算法

(據日本東京圖書館舊藏本)

50, 宋代算學制度 北宋算學教育制度，見於宋史及通考者，有元豐算學條例(1084)，元祐異議(1086)，崇甯國子監算學敕令(1104)，大觀算學(1109)諸政.而宋會要，宋王栐宋朝燕翼詒謀錄，宋孫逢吉職官分紀，宋洪邁容齋三筆，宋李攸宋朝事實所記互有詳略.王栐(1227)稱:「宋代以書學、畫學、算學、律學、幷列於文武二學」. 孫逢吉稱:「國朝國子監，掌國子、太學、武學、算學、五學之政，於元豐六年(1083)奉旨施行」。宋會要，宋史稱：「元豐七年(1084)詔選命官通算學者，通於吏部就試。其合格者上等除博士，中次爲學諭，并於武學東大街北踏得地址，准與蓋造。迄元祐元年(1086)尚未興工，其試選學官，亦未有應格，其事遂寢。所謂「元豐算學條例」今尚未知其詳。但元豐七年刊入祕書省者，有九章、周髀、海島、孫子、五曹、張丘建、緝古、夏侯陽諸經。則諸生當時當傳習此數書矣。通考，宋史稱：算學：(宋徽宗)崇寧三年(1104)立。將元豐算學條例，修成敕令。學生以二百一十人爲額，許命官及庶人爲之。其業以九章、周髀及假設疑數爲算問，仍兼海島、孫子、五曹、張丘建、夏侯陽算法、并曆算、三式、天文書爲本科。此稱法算，曆算、三式、天文四科。四科外，人占一小經。願占大經者聽。公私試三舍法，略如太學。上舍三等推恩，以通仕、登仕、將仕郎爲次。崇寧五年(1106)丁巳罷書、畫、算、醫、四學。以算學附於國子監。十一月從薛昂請，復置算學。宋會要稱：「崇寧六年(1107)頒國子監算學敕令格式」。宋鮑澣之九章序(1200)稱：「本朝崇寧亦立於學官，故前世算數之學，相望有人」，北宋末年算學制度之見於宋會要者計有下列諸條：

「大觀三年(1109)三月十八日禮部狀：據太常寺申，算學以文宣王爲先師。……十一月七日太常寺奉詔，天文算學，合奉安先師，并配饗從祀，繪像，未盡典禮，可否禮官考古稽禮，考究以聞者。臣等竊詳，……今算學所習天文、曆算、三式、法算四科。其術皆本於(黃)帝，臣等，稽之載籍，合之典禮，請尊黃帝爲先師……王朴已上七十人，今欲擬從祀。

大觀四年(1110)三月二日詔算學生併入太史局，學官及人吏等并罷。

政和三年(1113)三月二十三日大司成劉嗣明奏．承前算學內舍算學生武仲宣於去年三上封章，乞留算學等。奉聖旨令國子監依元豐六年九月十六日指揮施行。本監申：伏覩舊算學見今空閒，舍屋具存，別無官司拘占相度，欲乞依舊爲算學從之。六月二十八日算學奏承朝旨復置算學．今檢會崇寧國子監算學條(疑作敕)令乞下諸路提舉學事．司行下諸州縣等……諸學生本科所習外占一小經。遇太學私試，間月一赴，欲占大經者，聽補試．[命官公試同]，九章義三道，算問二道．算學，命官公試：一入上等轉一官，三入中等循一資，五入下等占射差遣，算學升補上舍：上等通仕郎上舍，中等登仕郎上舍，下等將仕郎．學生習九章、周髀、及算問[謂假令疑數]，兼通海島、孫子、五曹、張丘建、(夏)侯陽算法。私試：孟月[季月同]：九章二道，周髀一道，算問二道．仲月周髀義二道，九章義一道，算問一道，陞補上內舍。第一場九章三道，第二場周髀義三道，第三場算問五道，從之。

宣和二年(1120)七月二十一日詔：算學，元豐中雖存有司之請，未嘗興建。又所議置官，不過傳授二員，今張官置吏，考選而任使之，大略與兩學同。既失先帝本旨。賜第之後，不復責以所學，何取於教養，可并罷官吏。……」

宋鮑瀚之九章序(1200)稱：「自衣冠南渡以來，此學既廢．非獨好之者寡，而九章算經亦幾泯沒無傳矣」。但其後百年，莫若四元玉鑑序(1303)尙稱：「方今尊崇算學，科目漸興」，故算學之盛，自宋迄金元未嘗替也。

51.　宋刊算經十書　明程大位算法統宗稱：北宋元豐七年(1084)刊算經十書入祕書省．宋王應麟玉海卷四十四稱：

「孫子算經三卷　元豐間祕書監趙彥若等校定
五曹算經五卷　元豐間祕書監趙彥若等校定
緝古算經一卷　元豐間祕書監趙彥若等校定
海島算經一卷　元豐間祕書監趙彥若等校定

按趙彥若宋元學案卷九十一，宋史卷三百九十四有傳．據麟臺故事卷一上稱：「(元豐三年，1080)右諫議大夫趙彥若以越職言事，降爲祕書監」．宋馬端臨通考卷二百一十九，有：「夏侯陽算經一卷，元豐京監本」，而宋陳振孫直齋書錄解題亦有：「夏侯陽算經三卷，元豐京監本．」今傳宋本周髀、孫子、五曹、夏侯陽、緝古等五種算經，每種後有祕書省官銜姓名一幅：

「祕書省

周髀算經一部上下共二册。

元豐七年九月　日校定降授宣德郎祕書省校書郎

臣葉祖洽上進

校定承議郎行祕書省校書郎

臣王仲脩

校定朝奉郎行祕書省校書郎

臣錢長卿

奉議郎守祕書丞臣韓宗古

朝請郎試祕書少監臣孫覺

降授朝散郎試祕書監臣趙彥若」

據宋孫逢吉職官分紀卷十六引元祐官品令記有祕書省內祕書監以下諸官品級．麟臺故事記元豐七年前後祕書省官吏題名，如：

祕書監	正四品	趙彥若	元豐三年降為祕書監
祕書少監	從五品	孫　覺	神宗即位(1078)任為祕書少監
祕書丞	從七品	韓宗古	
祕書郎	正八品	錢長卿	熙寧三年任為著作佐郎
祕書郎	從八品	王仲脩	元豐七年除校書郎

祕書省正字　從八品　葉祖洽　元豐七年除校書郎

并與宋本算經所題祕書省官銜姓名符合。而夏侯陽，算經又有宰輔大臣官銜姓名一幅題：

「元豐七年九月二十八日

進呈奉

御寶批宜依巳校定鏤板

朝奉郎祕書丞，上騎都尉，賜緋魚袋臣　韓治

朝散郎試祕書少監，上騎都尉，賜緋魚袋臣　顧臨

朝議大夫守祕書少監，上護軍，賜紫金魚袋臣　劉攽

中大夫守尚書右丞護軍，東平郡開國侯食邑二千三百戶

賜紫金魚袋臣呂大防

通議大夫守尚書左丞上柱國，平原郡開國公食邑二千八

百戶食實封伍伯戶臣李清臣

正議大夫守中書侍郎上柱國，馮翊郡開國公食邑二千三

百戶食實封伍伯戶臣張璪

正議大夫守門下侍郎上柱國，南陽郡開國公食邑二千一

百戶食實封壹阡戶臣韓維

金紫光祿大夫守尚書右僕射兼中書侍郎上柱國東平郡

開國公食邑六千二百戶食實封壹阡玖伯戶臣　呂公著

正議大夫守尚書左僕射兼門下侍郎上柱國河內郡開國公

食邑四千一百戶食實封壹阡伍佰戶臣　　　司馬光」

靖康元年十二月迄二年四月(1127)北宋汴都陷於金人，據宋史、宣和錄、繫年要錄、三朝北盟會編諸書知是時祕閣三館書籍，監本印板，金人并取而出，府庫蓄積，爲之一空。祕閣圖書，狼籍泥土中．故鮑澣之九章序(1200)稱：「自衣冠南渡以來，此學遂廢．非獨好之者寡，而九章算經亦幾泯滅無傳矣」。亂後重行收集．玉海稱：「紹興九年(1139)紹下諸郡索國子監元頒善本，校對鏤版．二十一年(1151)詔令國子監，訪尋五經，三館舊監本刻版．上曰其他闕書亦令次第雕版，雖重修所費亦不惜也」，而算經十書尚未及重刻．宋楊輝詳解九章算法序(1261)稱：「慶元六年(1200)之夏，鮑澣之在都城，與太史局同知算造楊忠輔德之論曆，因從其家得古本九章」．據宋丁易東大衍索隱知楊忠輔爲河南人．宋樓鑰(1137—1213)攻媿集亦有「秉義郎楊忠輔換太史局丞權同知算造」一文可備考證。鮑澣之字仲祺，處州人，留意傳刻算經，十餘年如一日．慶元庚申(1200)六月一日序九章算法，題：「迪功郎，新興隆府靖安縣主簿，括蒼鮑澣之仲祺謹書」，嘉定五年(1212)復錄得數術記遺於汀州七寶山三茅寧壽觀中，因爲之序．嘉定六年(1213)十一月一日跋周髀算經，題：「承議郎權知汀州軍州，兼管內勸農事，主管坑冶，括蒼鮑澣之謹書」．按弘治汀州府志職官門稱：「鮑澣之於嘉定六年(1213)

以朝奉郎知本州，八年(1215)除刑部郎官離任」。故程大位算法統宗「算經源流」條以爲宋元豐七年刊算經十書入祕書省，又刻於汀州學校也。

52. **宋秦九韶傳**　秦九韶字道古，自題魯郡人，或稱蜀人，或稱秦鳳間人，年十八，在鄉里爲義兵首。旣出東南，多交豪富。性極機巧，星象音律算術，以至營造等事，無不精究。早歲侍親中都，因得訪習於太史，又嘗從隱君子受數學。陸心源據「四川石魚題字」知九韶父季槱寶慶(1225—1228)中官潼川，九韶隨侍。宋魏了翁(1178—1235)鶴山先生大全文集卷四有：「送秦祕監[季槱]以顯謨知潼川」一文。錢大昕據癸辛雜識知九韶又嘗從李劉(字公甫號梅亭)學駢儷詩詞。宋李劉梅亭先生四六標準卷三十六，「回秦縣尉謝差校正[九韶]」一文，首稱：「善繼人志，當爲黃素之校讎；肯從吾游，小試丹鉛之點勘。」李劉嘗爲成都漕，九韶差校正，當在其時，其任何縣尉，則無可考矣。嘉熙以後(1237—)，蜀中屢受元兵侵略，故數書九章(1247)自序稱：「際時狄患，歷歲遙塞，不自意全於矢石間。嘗險罹憂，荏苒十祺，心槁氣落」是也。其至東南，當亦在此時；或以曆學薦於朝，得對。錢大昕又據景定建康志「通判題名」及「制幕題名」知九韶於淳祐四年(1244)以通直郎通判建康府。十一月丁母憂解官。寶祐(1253—1258)間，九韶爲沿江制置司參議官，淳祐七年(1247)

七月成數學九章十八卷。此書癸辛雜識續集作數學大略，直齋書錄解題作數術大略；永樂大典及阮元疇人傳作數學九章九卷；宜稼堂叢書本從王應遴，作數書九章十八卷，實并爲一書。計分爲九類：一，大衍；二，天時；三，田賦；四，測望；五，賦役；六，錢穀；七，營造；八，軍旅；九，市易。其於古九章條目外，論及大衍、堆積、招法、率變，而於正負開方術更再三論及。據癸辛雜識：九韶嘗知瓊州數月，與吳潛（履齋）交尤稔。按景定元年(1260)四月，吳潛罷相。十月竄吳潛於湖州。三年(1262)詔吳潛黨人永不錄用。癸辛雜識續稱九韶竄之梅州，在梅治政不輟，竟殂於梅，當亦在吳潛罷相(1260)之後也。

53. 金李治傳 李治字仁卿號敬齋，金眞定欒城縣人。繆荃孫於敬齋古今黈附錄，考知李治爲李遹次子，自幼善算數。正大七年(1230)登詞賦進士第，調高陵簿。未上，辟權知（河南）鈞州事。壬辰(1232)正月城潰，微服北渡。癸巳(1233)元好問爲薦於耶律楚材。甲午(1234)金亡，遂流落忻，崞間，先隱於崞山（在代州崞縣）之桐川。（今銅川，在縣東），聚書環堵。戊申(1248)成測圓海鏡二十卷，謂得洞淵九容之說，日夕玩釋，遂成此書。(註一)後由崞而之太原，居太原藩府之平定，居聶珪帥府。晚家眞定

(註一) 參看：李儼，測圓海鏡研究歷程考，學藝雜誌第十一卷，第二，六，八，九，十，各號，民國二十年；第十二卷，第一，二，三，四各號，民國二十一年，上海。

府，元氏縣之封龍山，與元裕，張德輝友善，元世祖居潛邸，聞其賢，歲丁巳(1257)，遣使召之，問對稱旨。己未(1259)成益古演段三卷，謂近世有某者，以方圓移補成編，號益古集，乃再爲移補條段，細繙圖式，遂成此書。至元元年(1264)元世祖始立翰林院，王鶚薦李治爲學士。至元二年(1265)召拜翰林學士，同修國史。明年以疾辭，歸封龍山。十六年(1279)卒於家，年八十八。(1192—1279)。子克修。治病革語克修曰：「測圓海鏡一書，雖九九小數，吾常精思致力焉，後世必有知者。」其自信如此。著作之不關算數者，有古今黈四十卷，文集四十卷，壁書叢削十二卷，泛說四十卷。

54　宋楊輝傳　楊輝字謙光錢塘人。景定辛酉(1261)作詳解九章算法，後附纂類，總十二卷。今所傳者，非其全帙。楊輝又箸詳解算法若干卷，以盡乘除，九歸，飛歸之蘊。景定壬戌(1262)作日用算法二卷，以明乘除，爲初學用，編詩括十有三首，立圖草六十六問，永嘉陳幾先爲之題跋。咸淳甲戌(1274)作乘除通變本末三卷：上中卷乘除通變算寶爲輝自撰，下卷法算取用本末則與史仲榮合撰。德祐乙亥(1275)作田畝比類乘除捷法二卷。是年冬因劉碧澗，丘虛谷，及舊刊遺忘之文，而作續古摘奇算法二卷。以上七卷，稱爲楊輝算法。洪武戊午(1378)古杭勤德書堂新刊行世。永樂大典本楊輝詳解九章算法有：「開方作法

本源」，言增乘方求廉草，自註稱:「出釋鎖算書，賈憲用此術」，蓋卽巴斯噶(Pascal)三角形也。其圖如下:

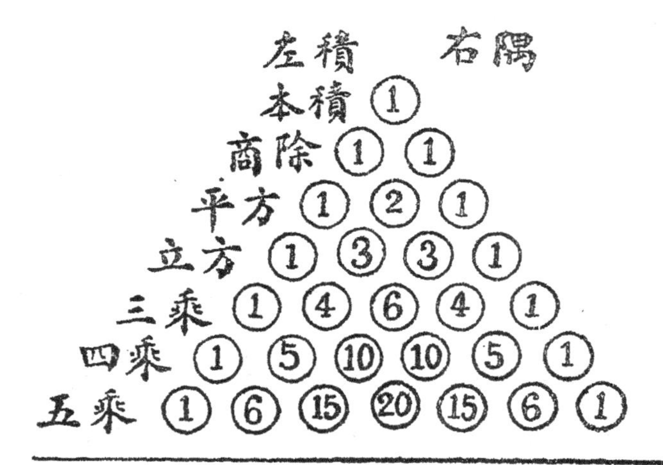

左袠乃積數，
右袠乃隅算，
中藏者皆廉，
以廉乘商方，
命而實除之.

其續古摘奇算法上卷載有縱橫圖(magic squares)，同時論此者有宋丁易東撰大衍索隱三卷. 據四庫全書提要:「易東武陵人，宋末登進士第，官至朝奉大夫，太府寺簿，兼樞密院編修官，入元不仕.」

55.　元郭守敬傳　郭守敬字若思，順德邢臺人. 大父榮，通五經，精於算數，水利. 時劉秉忠(1216—1274)，張文謙(1217—1283)，張易，王恂(1235—1281)，同學於(磁)州西紫金山.

劉秉忠精天文、地理、算數、推步之學、兼工書翰。(註一)樂使守敬

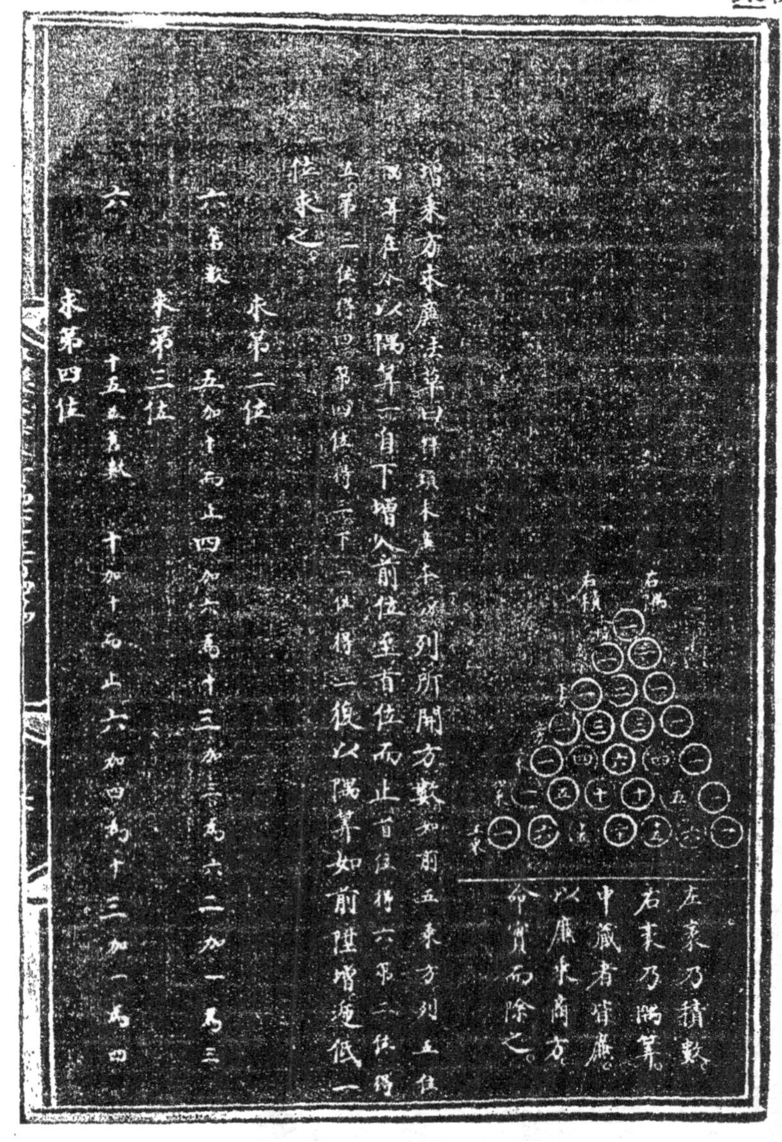

增乘方求廉法草曰釋鎖求廉本源列所開方數如前五乘方列五位隅算在外以隅算一自下增入前位至首位而止首位得六第二位得五第三位得四第四位得三下一位得二復以隅算如前陞增遞低一位求之

求第二位

六舊數　五加十而止　四加六爲十　三加三爲六　二加一爲三

求第三位

六　十五五舊數　十加十而止　六加四爲十　三加一爲四

求第四位

左袤乃積數　右袤乃隅算　中藏者皆廉　以廉乘商方　命實而除之

第十圖　巴斯噶三角形圖

(據永樂大典卷一六三四四，第 5—7 頁)

(註一)　見書史會要.

從秉忠學。元中統三年(1263)，文謙薦守敬習水利，巧思絕人。十三年平宋，遂詔前中書左丞許衡，太子贊善王恂，都水少監郭守敬改治新曆。衡等率南北日官陳鼎臣，鄧元麟，毛鵬翼，劉巨

第十一圖　元郭守敬玲瓏儀

(據 The Mongol Astronomical Instrument in Peking, by A. Wylie, Shanghae, 12 Aug. 1876)

淵，王素，岳鉉，高敬等，分掌測驗，推步於下，而命張文謙，與樞密張易爲之主領。至元十七年(1280)六月李謙撰「頒授時曆詔」稱：「乃者新曆告成，賜名曰授時曆。自至元十八年正月一日頒行，布告遐邇，咸使聞知」。(註一) 二十年(1283)李謙撰曆議(註二)，元史曆志即據李謙曆議著錄。明陳第世善堂藏書目錄有：「元郭守敬授時曆二十四卷」．清梅文鼎則據清初欽天監藏王恂撰授時曆草二卷，及大統曆通軌撰爲大統曆法，載於明史。以大統曆卽以授時曆爲張本也。守敬卒於延祐三年(1316)，年八十六(1231—1316)。授時曆因太陽，太陰，及五星行天，其盈縮之差，由多而漸少，或由少而漸多，絕非平派，因立爲平立定三差之法，求合天度。其後朱世傑亦有招差之術，稱爲二差、三差、下差。

56. **元朱世傑傳**　朱世傑字漢卿，號松庭，寓居燕山。周流四方二十餘年。復遊廣陵，踵門而學者雲集。撰算學啓蒙三卷．分二十門，立二百五十九問，首總括，無卷數。大德己亥(1299)趙城序而梓傳焉。朱世傑又因宋元之間，蔣周，李文一，石信道，劉汝諧，元裕僅言天元，李德載僅言地元，劉大鑑僅言人元；乃按天、地、人、物、立成四元。以元氣居中，立天元一於下，地元一

(註一)　見元蘇天爵國朝文類(1334)卷九．四部叢刊影元刊本．

(註二)　見元蘇天爵國朝文類卷十七，楊桓，「太史院銘．」

於左，人元一於右，物元一於上。上升下降，左右進退，互通變化，乘除往來，用假象眞，以虛問實，錯綜正負，分成四式。必以寄之，剔之，餘籌易位，橫衝直撞，精而不雜，自然而然，消而和會，以成開方之式也。書成名曰四元玉鑑，釐爲三卷，分門二十四，立問二百八十八。大德癸卯(1303)臨川莫若序而傳焉。

57. 近古期之乘除歌訣　近古期算數方法，有特殊之演變．但乘數方法，則沿用古代之九九乘法歌訣，楊輝(1274)雖有「加法五術」，「減法四術」，「求一代乘除」諸法。朱世傑算學啓蒙卷上(1299)雖有「身外加法」，「留頭乘法」，「身外減法」諸門，祇可視爲乘數簡法，非復通義。其除法則楊輝於百以內諸數，每數編爲「歸括」，甚爲繁冗．而歸除歌訣則始載於宋楊輝乘除通變算寶卷中(1274)，又見於元朱世傑算學啓蒙(1299)．後者已視前爲簡，如 $\frac{10}{3}$, $\frac{10}{4}$, $\frac{20}{6}$, $\frac{30}{7}$ 諸數，楊朱所述，可以於下式見其繁簡，如

楊輝(1274)	朱世傑(1299)
(三歸)　見一下二十一，卽七。	(三歸)　三一三十一
$\frac{10}{3}=1+\left(2+\frac{1}{3}\right)=1+\frac{7}{3}$;	$\frac{10}{3}=3+\frac{1}{3}$
(四歸)　見一下十二，卽六，	(四歸)　四一二十二
$\frac{10}{4}=1+\left(1+\frac{2}{4}\right)=1+\frac{6}{4}$;	$\frac{10}{4}=2+\frac{2}{4}$

（六歸）　見二下十二，卽八。	（六歸）　六二三十二
$\frac{20}{6}=2+\left(1+\frac{2}{6}\right)=2+\frac{8}{6}$；	$\frac{20}{6}=3+\frac{2}{6}$
（七歸）　見三下十二，卽九。	（七歸）　七三四十二。
$\frac{30}{7}=3+\left(1+\frac{2}{7}\right)=3+\frac{9}{7}$.	$\frac{30}{7}=4+\frac{2}{7}$.

元朱世傑算學啓蒙總括所載「九歸除法」，甚爲簡要，明人珠盤歸除亦用此訣。其自註稱：「按古法多用商除，爲初學者難入，則後人以此法代之，卽非正術也」。其訣如下：

「九歸除法

（一歸）　一歸如一進，　見一進成十；

（二歸）　二一添作五，　逢二進成十；

（三歸）　三一三十一，　三二六十二，　逢三進成十；

（四歸）　四一二十二，　四二添作五，　四三七十二，
　　　　　逢四進成十；

（五歸）　五歸添一倍，　逢五進成十；

（六歸）　六一下加四，　六二三十二，　六三添作五，
　　　　　六四六十四，　六五八十二，　逢六進成十；

（七歸）　七一下加三，　七二下加六，　七三四十二，
　　　　　七四五十五，　七五七十一，　七六八十四，
　　　　　逢七進成十；

（八歸）　八一下加二，　八二下加四，　八三下加六，

八四添作五，　八五六十二，　八六七十四，

八七八十六，　逢八進成十。

（九歸）　九歸隨身下，　逢九進成十。」

朱世傑算學啓蒙未明著「撞歸」，「起一」歌訣。此項歌訣，自

一歸爲九十一，　無除減一下還一；

二歸爲九十二，　無除減一下還二；

迄……………………………………………；

九歸爲九十九，　無除減一下還九。

十八句於多位除法，最爲合用。如除法中法數，實數首位相等，而實數首位以下之數字，又小於法數首位以下之數字，則用上述首句之「撞歸」歌訣，先假令其最大之商數爲九。如此商數過大，則逐次商數減一，用上述次句之「起一」歌訣，例如：

$224 \div 28 = 8$

2	2	4	2	8
9	4	4		
8	6	4		

因第一排實數之首兩位 22，小於法數 28，乃假令其最大之商

$318 \div 39 = 8$ 餘 6

3	1	8	3	9
9	4	8		
8	7	8		
		6		

因第一排實數之首兩位 31，小於法數 39，乃假令其最大之商

數爲 9, 呼「二歸爲九十二」, 或「撞歸九十二」; 次位 2 加餘數 2 得 4, 如第二排。

又因 44 不能減去商數 9, 與法數次位 8 之相乘數, 卽:

$9\times8=72>44$ 時, 知商數尚屬過大, 乃退商 8, 呼「無除減一下還二」, 卽 9 上減 1 爲 8, 次位 4 加 2 爲 6. 因 $8\times8=64=64$ 適等, 知商數爲 8.

數爲 9, 呼「三歸爲九十三」, 或「撞歸九十三」, 次位 1 加餘數 3 得 4, 如第二排。

又因 48 不能減去商數 9, 與法數次位 9 之相乘數, 卽:

$9\times9=81>48$ 時, 知商數尚屬過大, 乃退商 8, 呼「無除減一下還三」, 卽 9 上減 1 爲 8, 次位 4 加 3 爲 7. 因 $8\times9=72<78$, 知商數爲 8, 餘數爲 $78-72=6$.

朱世傑算學啓蒙未嘗明著撞歸起一歌訣, 但於卷上「九歸除法門」稱:

「實少法多從法歸，　實多滿法進前居，
常存除數專心記，　法實相停九十餘，
但遇無除還頭位，　然將釋九數呼除，
流傳故泄眞消息，　求一穿韜總不如.」

日本建部賢弘(1664—1739)算學啓蒙諺解卷上, 以爲: 第四句之「法實相停九十餘」卽撞歸法之「一歸: 見一無除作九一, ……迄九歸見一無除作九九」, 第五句之「但遇無除還頭位」, 卽起一法之「一歸起一下還一, ……迄九歸起一下還九」.

其明著「撞歸」,「起一」歌訣者,有:元賈亨,丁巨,安止齋等。元賈亨算法全能集歸除歌內稱:「或値本歸歸不得,撞歸之法莫教遲」,又自註稱:「謂四歸見四,本作一十,然下位無除,不以爲十,以四撞身爲九十四,則下位有數除也,故謂之撞歸,惟此法內用之,餘倣此」。元丁巨算法(1355),「今有子粒折收」題,引及「撞歸九十三」,元安止齋詳明算法序稱:「夫學者初學因歸,則口授心會,至於撞歸,起一,時有差謬,……」是撞歸起一之說,元人始論及也。

58. 近古期之縱橫圖說 前此甄鸞注數術記遺,唐王希明撰太乙金鏡式經說述縱橫圖 (magic squares), 僅及九宮之義。至近古期宋楊輝,丁易東始詳述之。楊輝續古摘奇算法上卷(1275)有下開各圖,計:

縱橫圖

河圖數	(1)洛書數	(2)(3) 四四圖二
(4)(5) 五五圖二	(6)(7) 六六圖二	(8)(9) 七七圖二
(10)(11) 六十四圖二	(12) 九九圖	(13) 百子圖
(14) 聚五圖	(15) 聚六圖	(16) 聚八圖
(17) 攢九圖	(18) 八陣圖	(19) 連環圖

就中洛書數,及花十六陰圖說明縱橫圖做法,如:

「洛書

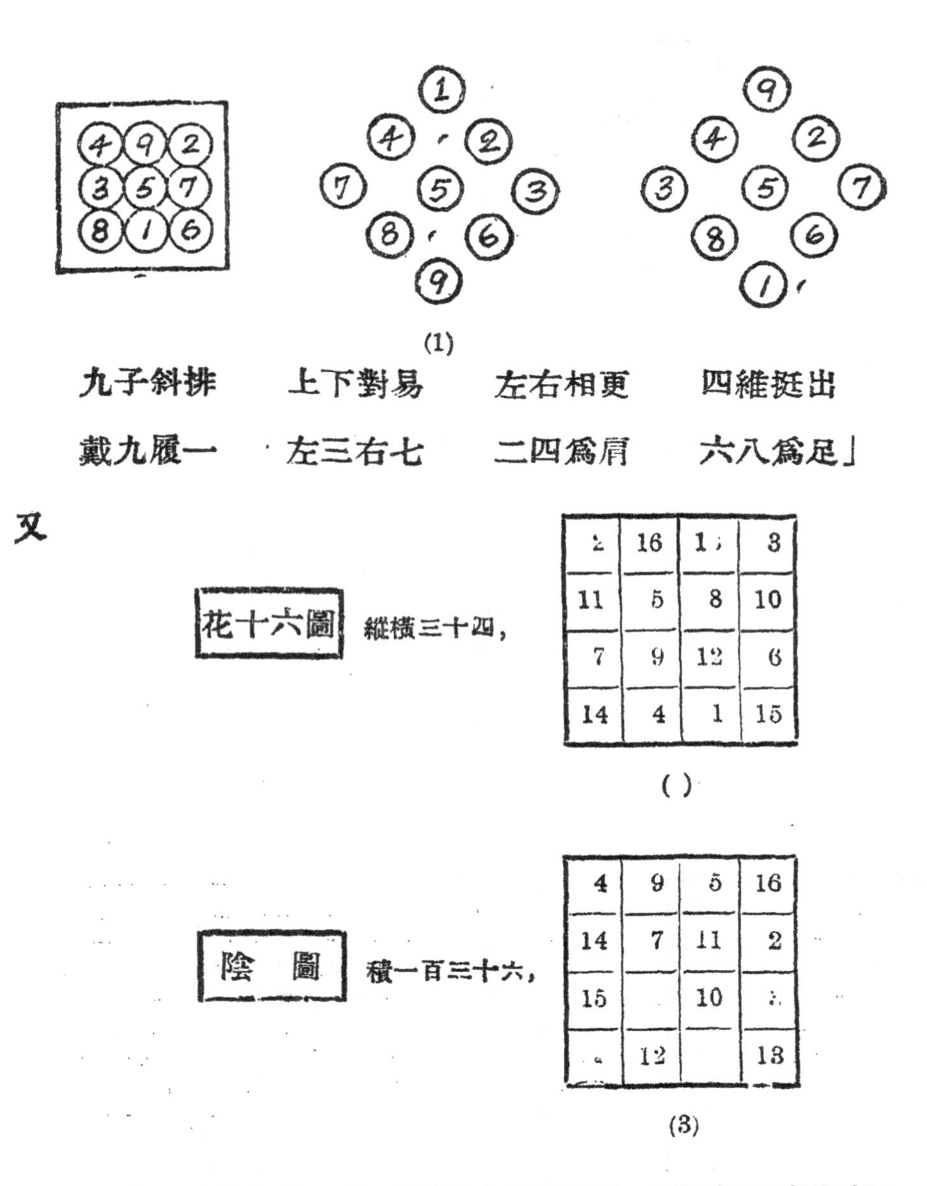

(1)

九子斜排　上下對易　左右相更　四維挺出

戴九履一　左三右七　二四爲肩　六八爲足」

又

花十六圖 縱横三十四，

2	16	13	3
11	5	8	10
7	9	12	6
14	4	1	15

( )

陰圖 積一百三十六，

4	9	5	16
14	7	11	2
15		10	[illegible]
[illegible]	12		13

(3)

易換術曰：以十六子依次遞作四行排列．先以外四角對換；一換十六，四換十三．後以內四角對換；六換十一，七換十，横直上下斜角，皆三十四數，對換止可施之於小。

13	9	5	1
14	10	6	2
15	11	7	3
16	12	8	4

其餘各圖分列如下：

1	23	16	4	21
15	14	7	18	11
24	17	13	9	2
20	8	19	12	6
5	3	10	22	25

(4)

12	27	33	23	10
28	18	13	26	20
11	25	21	19	31
22	16	29	24	14
32	19	9	15	30

(5)

13	22	18	27	11	20
31	4	36	9	29	2
12	21	14	23	16	25
30	3	5	32	34	7
17	26	10	19	15	24
8	35	28	1	6	33

(6)

4	13	36	27	29	2
22	31	18	9	11	20
3	21	23	32	25	7
30	12	5	14	16	34
17	26	19	28	6	15
35	8	10	1	24	33

(7)

46	8	16	20	29	7	49
3	40	35	36	18	41	2
44	12	33	23	19	38	6
28	26	11	25	39	24	22
5	37	31	27	17	13	45
48	9	15	14	32	10	47
1	43	34	30	21	42	4

(8)

4	43	40	49	16	21	2
44	8	33	9	36	15	30
38	19	26	11	27	22	32
3	13	5	25	45	37	47
18	28	23	39	24	31	12
20	35	14	41	17	42	6
48	29	34	1	10	7	46

(9)

61	4	3	62	2	63	64	1
52	13	14	51	15	50	49	16
45	20	19	46	18	47	48	17
36	29	30	35	31	34	33	32
5	60	59	6	58	7	8	57
12	53	54	11	55	10	9	56
21	44	43	22	42	23	24	41
28	37	38	27	39	26	25	40

(10)

61	3	2	64	57	7	6	60
12	54	55	9	16	50	51	13
20	46	47	17	24	42	43	21
37	27	26	40	33	31	30	36
29	35	34	32	25	39	38	28
44	22	23	41	48	18	19	45
52	14	15	49	56	10	11	53
5	59	58	8	1	63	62	4

(11)

31	.6	13	36	81	18	29	74	11
22	40	58	27	45	63	20	38	56
67	4	49	72	9	54	5	2	47
30	75	12	32	77	14	34	79	16
21	39	57	23	41	59	2	42	61
66	3	48	68	5	50	.0	7	52
35	80	17	28	73	10	33	78	15
26	44	62	19	37	55	24	42	60
71	8	53	64	1	46	69	6	51

(12)

1	20	21	40	41	60	61	80	81	100
99	82	79	62	59	42	39	22	19	2
3	18	23	38	43	58	63	78	83	98
97	84	77	64	57	44	37	24	17	4
5	16	25	36	45	56	65	76	85	96
95	86	75	66	55	46	35	26	15	6
14	7	34	27	54	47	74	67	94	87
88	93	63	73	48	53	28	33	8	13
12	9	32	29	52	49	72	69	92	89
91	90	71	70	51	50	31	30	11	10

(13)

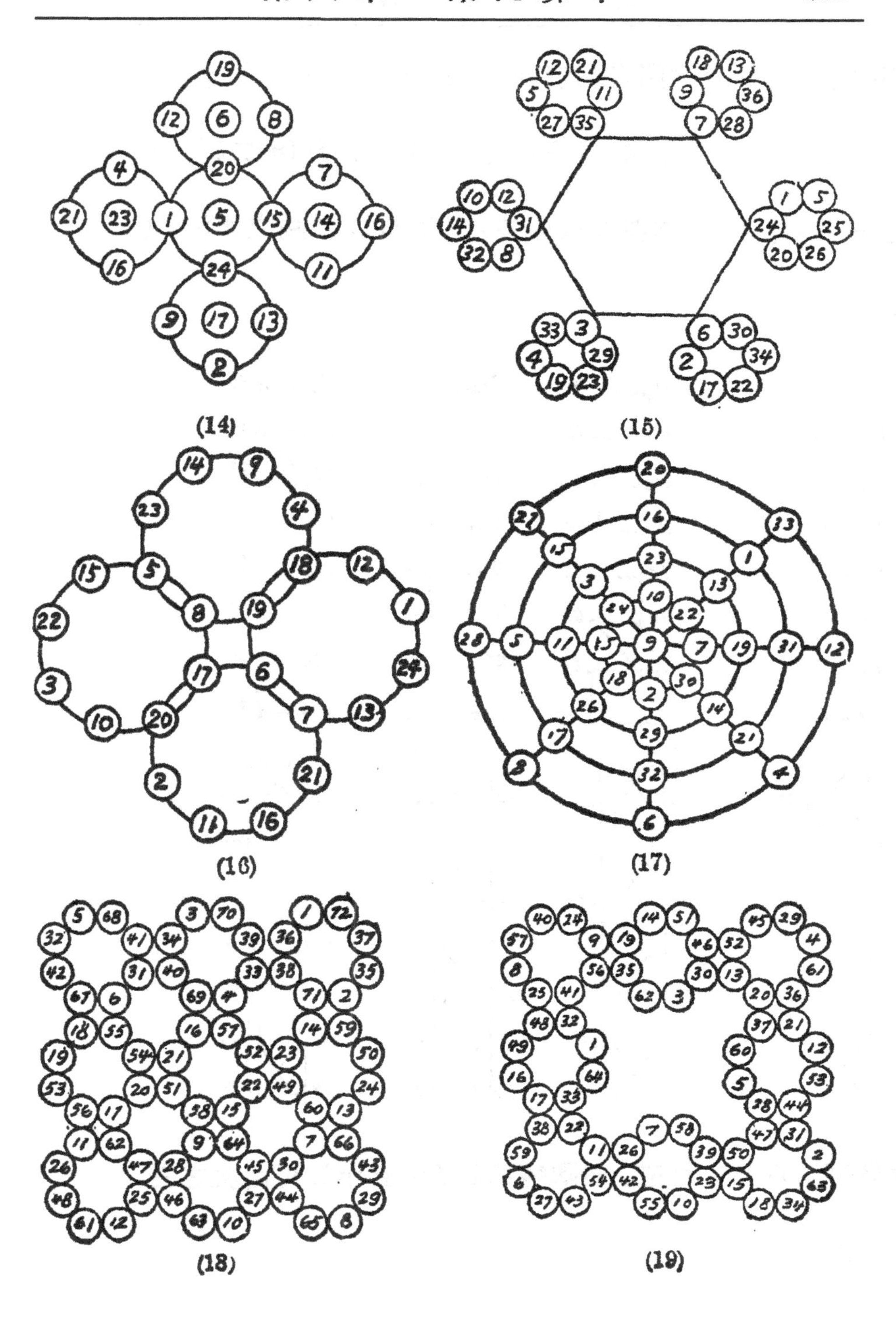

(14)　(15)　(16)　(17)　(18)　(19)

上列各圖，其作法有觀圖自明者如（4）圖與洛書數同例，以「九子斜排，上下對易，左右相更，四維挺出」求得。（8），（9）二圖除一部分差異外，幷與（4）圖具相同性質，（10），（11）二圖之作法，可由下之二副圖說明之。

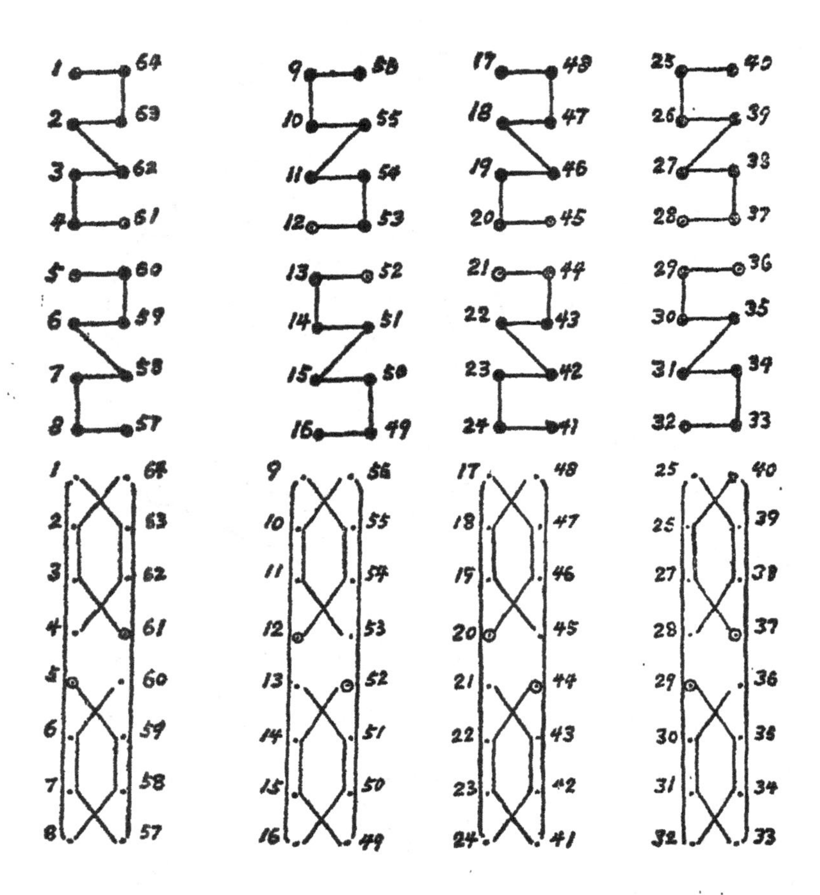

（13）圖僅縱橫可合五百五，於隅徑不能合，其作法可由次之三副圖說明之。

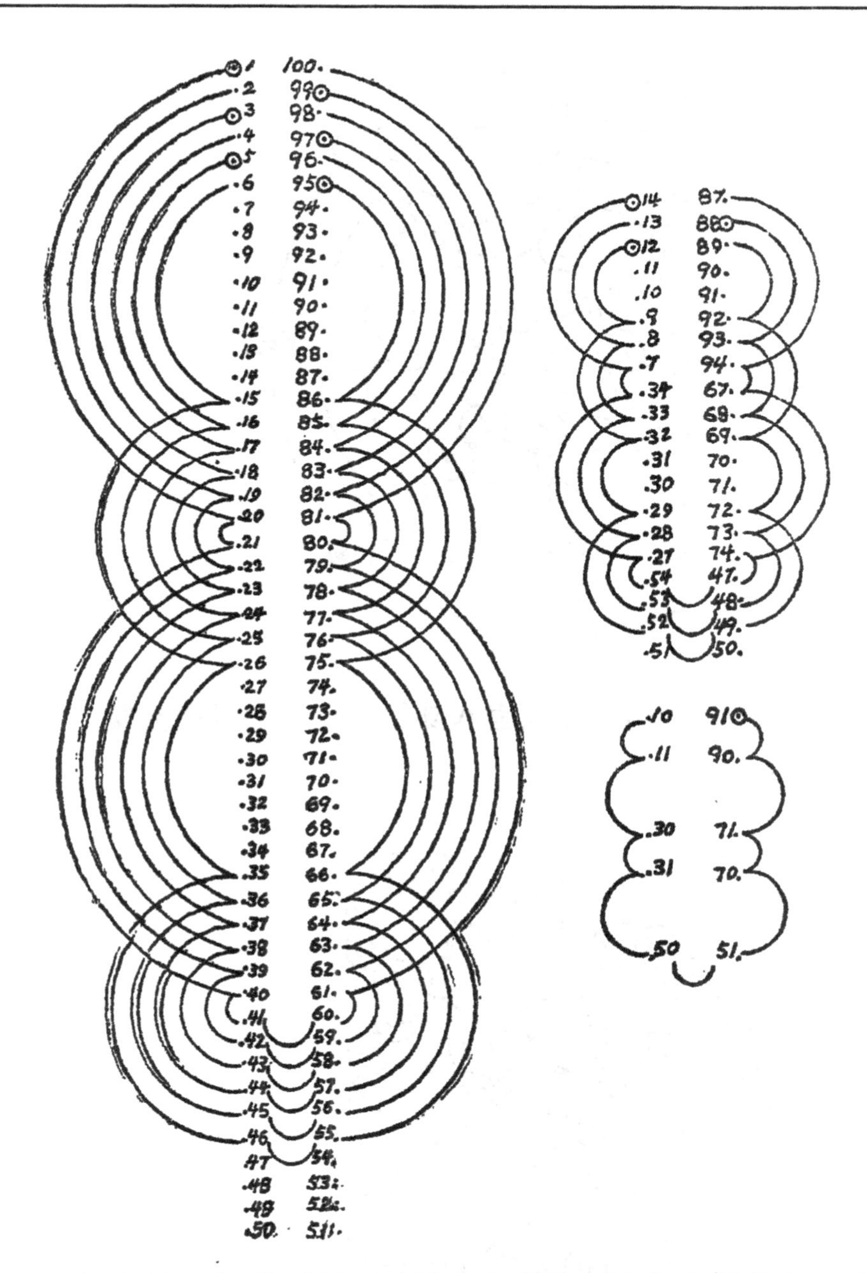

宋丁易東撰大衍索隱三卷．其中卷「洛書四十九得大衍五十數圖」與楊輝之「攢九圖」相似．

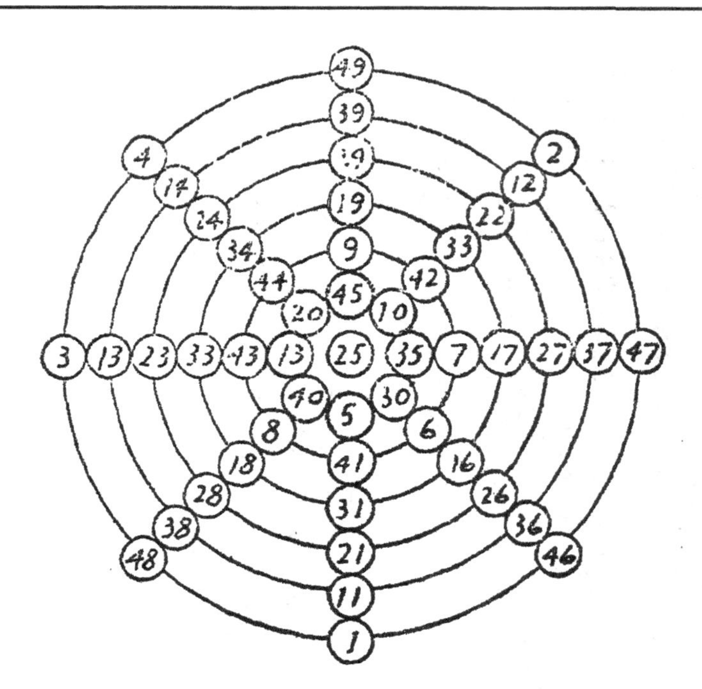

宋丁易東大衍索隱下卷有：「九宮八卦綜成七十二數合洛書圖」與楊輝之連環圖相似.

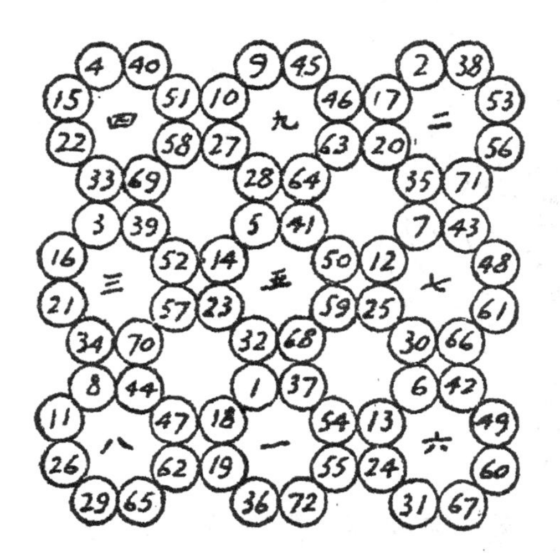

大衍索隱稱：「夫洛書之變，神妙如此，而世鮮知之.吾故列此

二圖右方(卽上方二圖)，以爲通變之本。

59. 近古期之數論　宋秦九韶數書九章(1247)卷一，卷二「大衍類」論及數論中等餘之理論，及等餘式之解法。其「大衍總數術」內，先將有理數分爲「元數」(卽整數)，「收數」(卽小數)，「通數」(卽分數)，「復數」(卽 10^n 倍整數)，等數種。次「兩兩連環求等」，卽求最小公倍數，使諸數成互素。如 A, B, C, D ……各「問數」之最小公倍數，卽「衍母」爲 θ，而「定數」A'，B', C', D'，…等數之連乘積亦應爲 θ. 今以各「定數」除「衍母」，所得稱爲「衍數」，如 $Y_1=\frac{\theta}{A'}$, $Y_2=\frac{\theta}{B'}$, $Y_3=\frac{\theta}{C'}$，……等卽是。次置「諸衍數」(Y_1, Y_2, Y_3, Y_4, ……)各滿「定母」(A', B', C', D', ……)去之，不滿曰「奇」(G_1, G_2, G_3, G_4……). 以「奇」與「定」用「大衍求一」入之，以求「乘率」. 此項大衍求一之步驟，與歐幾里得算法 (Euclid Algorithm) 全相一致。

$$
\begin{array}{llll}
A'=q_1G_1+r_1, & r_1=\mu_1A'-\alpha_1G_1, \text{ 而 } \mu_1=1, & & \alpha_1=q_1 \\
G_1=q_2r_1+r_2, & r_2=\alpha_2G_1-\mu_2A', & \mu_2=q_2, & \alpha_2=q_2\alpha_1+1, \\
r_1=q_3r_2+r_3, & r_3=\mu_3A'-\alpha_3G_1, & \mu_3=q_3\mu_2+\mu_1, & \alpha_3=q_3\alpha_2+\alpha_1, \\
r_2=q_4r_3+r_4, & r_4=\alpha_4G_1-\mu_4A', & \mu_4=q_4\mu_3+\mu_2, & \alpha_4=q_4\alpha_3+\alpha_2, \\
r_3=q_5r_4+r_5 & r_5=\mu_5A'-\alpha_5G_1, & \mu_5=q_5\mu_4+\mu_3, & \alpha_5=q_5\alpha_4+\alpha_3 \\
\cdots\cdots & \cdots\cdots & \cdots\cdots & \cdots\cdots \\
r_{n-2}=q_nr_{n-1}+r_n, & r_n=\mu_nA'-\alpha_nG_1, & \mu_n=q_n\mu_{n-1}+\mu_{n-2}, & \alpha_n=q_n\alpha_{n-1}+\alpha_{n-2} \\
r_{n-3}=q_{n+1}r_n. & & &
\end{array}
$$

從而 $\alpha G_1=(-1)^n r_n(\mathrm{mod}\cdot\mu_n A')$

即 $\alpha G_2=1(\mathrm{mod}\cdot A')$

蓋按歐幾里得算法，將 $A'=q_1G_1+r_1$，即 $A'=r_1(\mathrm{mod}\cdot G_1)$ 化爲 $r_{n-3}=q_{n+1}r_n$，而秦九韶大衍求一術，則將 $A'=r_1(\mathrm{mod}\cdot G_1)$ 化至 $r_{n-2}=q_nr_{n-1}+r_n(=1)$，就中 $\alpha,\beta,\gamma,\cdots\cdots$ 等稱爲「乘率」，αY_1 $\beta Y_2,\gamma Y_3,\cdots\cdots$ 等，稱爲「泛用」。按等餘式解法，常將 $a_1x=b_1(\mathrm{mod}\cdot m_1)$ 式由歐幾里得算法化爲 $x=x_1(\mathrm{mod}\cdot m_1)$. 而秦九韶大衍求一術，則常將 $a_1x=b(\mathrm{mod}\cdot m_1)$，化爲 $\alpha m_1=1(\mathrm{mod}\cdot a_1)x=1(\mathrm{mod}\cdot x)$ 也。如「泛用」之中尙可析出若干倍衍母者，則逐次減之，以爲「正用」，如 $\alpha Y_1=\alpha Y_1'+m\theta=1(\mathrm{mod}\cdot\theta)$，可得 $\alpha Y_1'=1(\mathrm{mod}\cdot\theta)$，就中 $\alpha Y_1',\beta Y_2',\gamma Y_3',\cdots\cdots$ 等，稱爲「正用。」最後再示其應用，例如某數 N 以 $A,B,C,\cdots\cdots$ 各除之，其餘爲 $a,b,c,\cdots\cdots$. 以其餘乘「正用」$\alpha Y_1,\beta Y_2,\gamma Y_3,\cdots\cdots$ 爲各總，倂總，滿「衍母」去之，所餘爲得數．因各總爲：

$$a\alpha Y_1=a\alpha(B'C'\cdots\cdots),\qquad b\beta Y_2=b\beta(A'C'\cdots\cdots),$$

$$c\gamma Y_3=c\gamma(B'C'\cdots\cdots),\qquad R\theta=R(A'B'C'\cdots\cdots),$$

故 $b\beta Y_2=0(\mathrm{mod}\,A),\qquad c\gamma Y_3=0(\mathrm{mod}\cdot B),$

$$R\theta=0(\mathrm{mod}\cdot A),\qquad a\alpha Y_1=a(\mathrm{mod}\cdot A).$$

或 $N=\Sigma a\alpha Y_1-R\theta=a\alpha Y_1=a(\mathrm{mod}\cdot A)$

同理 $N=\Sigma a\alpha Y_1-R\theta=(a,b,c,\cdots\cdots)(\mathrm{mod}\cdot A.B\,C.\cdots\cdots)$

孫子算經卷下「今有物不知其數」一問，實爲大衍求一術之起原。其題如下：

「今有物不知其數，三三數之賸二，五五數之賸三，七七數之賸二，問物幾何？

答曰：二十三。」

依秦九韶法，將孫子題列爲

$A, B, C,$	元數即定母	3, 5, 7, 衍母，$\theta=105$.
$Y_1, Y_2, Y_3,$	衍數	35, 21, 15,
$G_1, G_2, G_3,$	奇數	2, 1, 1,
$\alpha, \beta, \gamma,$	乘率	2, 1, 1,
$\alpha Y_1, \beta Y_2, \gamma Y_3,$	乘數	70, 21, 15,
$a, b, c,$	餘數	2, 3, 2,
$a\alpha Y_1, b\beta Y_2, c\gamma Y_3,$	用數	140, 63, 30.

$N=\Sigma\, a\alpha Y_1-R\,\theta=23$ 即爲所求。故孫子算經內：

「術曰：三三數之賸二，置一百四十；五五數之賸三，置六十三，七七數之賸二，置三十；幷之，得二百三十三，以二百一十減之即得。

凡三三數之賸一，則置七十；五五數之賸一，則置二十一；七七數之賸一，則置十五。一百六以上，以一百五減之，即得。」

宋周密志雅堂雜鈔卷下，稱此爲鬼谷算，宋楊輝續古摘奇算法(1275)稱之爲翦管術。

60. 近古期之級數論 顧觀光(1799—1863)曰：「堆垜之術，詳於楊(輝)氏(1261)，朱(世傑)氏(1303)二書，而剏始之功，斷推沈(括)氏.」宋沈括夢溪筆談卷十八有「隙積術」謂：

$$V=ab+(a+1)(b+1)+(a+2)(b+2)+\cdots\cdots$$
$$+\{(a+h-1)(b+h-1)-cd\}$$
$$=\frac{h}{6}[(2b+d)a+(2d+b)c]+\frac{h}{6}(c-d).$$

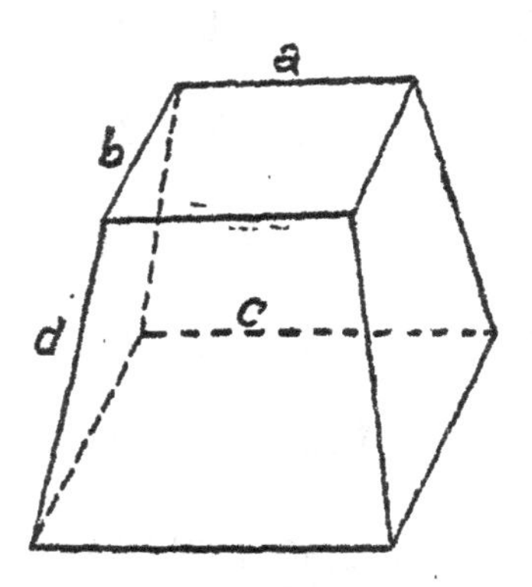

宋楊輝詳解九章算法(1261)商功第五，有：

三角垜 $1+3+6+\cdots\cdots+\frac{n(n+1)}{2}=\frac{1}{6}n(n+1)(n+2)$

四角垜 $1^2+2^2+3^2+\cdots\cdots+n^2=\frac{1}{3}n\left(n+\frac{1}{2}\right)(n+1)$

方垜 $1^2+(a+1)^2+\cdots\cdots+(c-1)^2+c^2$

$$=\frac{1}{3}(c-a)\left(c^2+a^2+ca+\frac{c-a}{2}\right)$$

元朱世傑算學啓蒙(1299)，四元玉鑑(1303)，所舉級數，可分為三類，即：

(一)普通垛積：

1. 圓箭 $1+(6+12+18+\cdots+l)=1+\frac{n(a+l)}{2}$.

2. 方箭 $1+(8+16+24+\cdots+l)=1+\frac{n(a+l)}{2}$.

3. 茭草垛 $1+2+3+\cdots+n=\frac{n(n+1)}{2}$.

4. 三角垛 $1+3+6+\cdots+\frac{n(n+1)}{2}=\frac{1}{6}n(n+1)(n+2)$.

5. 四角垛 $1^2+2^2+3^2+\cdots+n^2=\frac{1}{3}n\left(n+\frac{1}{2}\right)(n+1)$.

6. 茭草値錢(正) $1(a)+2(a+1\cdot b)+3(a+2\cdot b)+\cdots\cdots$

$$+n(a+\overline{n-1}\cdot b)=\frac{n(n+1)\{2bn+(3a-2b)\}}{3!}.$$

又 茭草値錢(反) $1(a+\overline{n-1}\cdot b)+2(a+\overline{n-2}\cdot b)+\cdots\cdots$

$$+(a+1\cdot b)(n-1)+n(a)=\frac{n(n+1)\{bn+(3a-b)\}}{3!}.$$

7. 三角垛値錢(正) $1(a)+3(a+1\cdot b)+6(a+2\cdot b)+\cdots\cdots$

$$+\frac{n(n+1)}{2}(a+\overline{n-1}\cdot b)=\frac{n(n+1)(n+2)\{3bn+(4a-3b)\}}{4!}.$$

又 三角垛値錢(反) $1(a+\overline{n-1}\cdot b)+3(a+\overline{n-2}\cdot b)+\cdots\cdots$

$$+(a+1\cdot b)\frac{(n-1)n}{2}+\frac{n(n+1)}{2}(a)=\frac{n(n+1)(n+2)\{bn+(4a-b)\}}{4!}.$$

8\. 四角垜值錢(正) $1^2(a)+2^2(a+1\cdot b)+3^2(a+2\cdot b)+\cdots$

$$+n^2(a+\overline{n-1}\cdot b)=\frac{1}{3}n\left(n+\frac{1}{2}\right)(n+1)a+\frac{1}{12}(n^2-1)n(3n+2)b.$$

又 四角垜值錢(反) $1^2(a+\overline{n-1}\cdot b)+2^2(a+\overline{n-2}\cdot b)+\cdots$

$$+(n-1)^2(a+1\cdot b)+n^2(a)=\frac{1}{3}n\left(n+\frac{1}{2}\right)(n+1)a+\frac{1}{12}(n^2-1)n^2\cdot b.$$

(二)特種垜積:

1\. 落一形(三角垜) $\sum_1^n\frac{n(n+1)}{2!}=\frac{1}{3!}n(n+1)(n+2).$

2\. 三角落一形(四角垜) $\sum_1^n\frac{n(n+1)(n+2)}{3!}$

$$=\frac{1}{4!}n(n+1)(n+2)(n+3).$$

3\. 撒星更落一形 $\sum_1^n\frac{n(n+1)(n+2)(n+3)}{4!}$

$$=\frac{1}{5!}n(n+1)(n+2)(n+3)(n+4).$$

4\. 三角撒星更落一形 $\sum_1^n\frac{n(n+1)(n+2)(n+3)(n+4)}{5!}$

$$=\frac{1}{6!}n(n+1)(n+2)(n+3)(n+4)(n+5).$$

5 嵐峯形 $\sum_1^n\frac{n(n+1)(3n+0)}{3!}=\frac{1}{4!}n(n+1)(n+2)(3n+1).$

6.　三角嵐峯形 $\sum_{1}^{n}\frac{n(n+1)(n+2)(4n+0)}{4!}$

$$=\frac{1}{5!}n(n+1)(n+2)(n+3)(4n+1).$$

7.　四角落一形 $\sum_{1}^{n}\frac{n(n+1)(2n+1)}{3!}$

$$=\frac{1}{12}n(n+1)(n+1)(n+2).$$

8.　四角嵐峯形 $\sum_{1}^{n}\frac{n^2(n+1)(2n+1)}{6}$

$$=\frac{1}{60}n(n+1)(n+2)\left\{n\left(4n+1\frac{1}{2}\right)+\left(4n+\frac{1}{2}\right)\right\}$$

9.　**圓錐垜積**　如 r_1 爲奇數，r_2 爲偶數，則

$$1+3+7+12+19+27+37+48+61+\cdots\cdots$$

中奇項 $\mu_{r_1}=\frac{(d_1+3)^2+3}{12}$,　而　$d_1=6\left(\frac{n-1}{2}\right)$.

項偶 $\mu_{r_2}=\frac{(d_2+\ )^2}{12}$,　而　$d_2=6\left(\frac{n}{2}-1\right)+3$.

如 n 爲奇，則 $S_{\mu_{r_1}}$

$$1+3+7+12+19+27+37+48+61+\cdots\cdots+\mu_{r_1}$$

$$=\frac{d_1\{(d_1+6)^2+(d_1+3)^2\}+3^2\{(d_1+6)(d_1+3)+6\}}{216}$$

如 n 爲偶，則 $S_{\mu_{r_2}}$

$$1+3+7+12+19+27+37+48+61+\cdots\cdots+\mu_{r_2}$$

$$=\frac{d_2\{(d_2+6)^2+(d_2+3)^2\}+3^2\{(d_2+6)(d_2+3)+6\}}{216}$$

(三)招差：

招差之術，以級數 $S=\mu_1+\mu_2+\mu_3+\mu_4+\mu_5+\cdots\cdots$，之第一數，$d_1=\mu_1$，稱爲上差。$\mu_2-\mu_1$，$\mu_3-\mu_2$，$\mu_4-\mu_3$，……中之第一數，$d_2=\mu_2-\mu_1$ 稱爲二差。$(\mu_3-\mu_2)-(\mu_2-\mu_1)$，$(\mu_4-\mu_3)-(\mu_3-\mu_2)$，…中之第一數 $d_3=\mu_3-(2d_2+d_1)$ 稱爲三差，$\{[\mu_4-(2d_3+d_2)]-[\mu_3-(2d_2+d_1)]\}$，……中之第一數，$d_4=\mu_4-[3(d_3+d_2)+d_1]$ 稱爲下差。此時各數相等，因而入算。朱世傑求差之術未詳本源，似本郭守敬「授時平立定三差之法」，因授時曆之「加分」，「平立合差」，「加分立差」，卽朱氏之二差，三差，下差也。四元玉鑑「如像招數」門最後一問：

$$S=a^3+(a+1\cdot b)^3+(a+2\cdot b)^3+\cdots\cdots+(a+\overline{n-1}\cdot b)^3$$

則　上差　　　　　　　　二差

$a^3=\mu_1=d_1$　　　$3a^2b+1\cdot 3ab^2+b^3=\mu_2-\mu_1=d_2$

$(a+1\cdot b)^3=\mu_2$　　　$3a^2b+3\cdot 3ab^2+7b^3=\mu_3-\mu_2$

$(a+2\cdot b)^3=\mu_3$　　　$3a^2b+5\cdot 3ab^2+19b^3=\mu_4-\mu_3$

$(a+3\cdot b)^3=\mu_4$　　　$3a^2b+7\cdot 3ab^2+37b^3=\mu_5-\mu_4$

$(a+4\cdot b)^3=\mu_5$　　　………………………

………………

三差　　　　　　　　　　　下差

$$2\cdot\ ab^2+\ 6b^2=\mu_3-(2\,\mu_2-\mu_1)\qquad 6b^3=\mu_4-[3(\mu_3-\mu_2)+\mu_1]$$

$$=\mu_3-(2d_2+d_1)$$

$$2\cdot 3ab^2+12b^2=\mu_4-(2\,\mu_3-\mu_2)\qquad 6b^3=\mu_4-[3(d_3+d_2)-d_1]$$

$$2\cdot 3ab^2+18b^2=\mu_5-(2\,\mu_4-\mu_3)$$

……………………………………………………………………

由是得術，如

$$S=a^3+(a+1\cdot b)^3+(a+2\cdot b)^3+\cdots\cdots+(a+\overline{n-1}\cdot b)^3$$

$$=nd_1+\frac{1}{2}(n-1)nd_2+\frac{1}{6}(n-2)(n-1)nd_3$$

$$+\frac{1}{24}(n-3)(n-2)(n-1)n\cdot d_4.$$

$$S=na^3+(n-1)(a+b)^3+(n-2)\ (a+2b)^3+\cdots+(a+\overline{n-1}b)^3$$

$$=\frac{1}{2}n(n+1)d_1+\frac{1}{6}(n-1)n(n+1)d_2+\frac{1}{24}(n-2)(n-1)n(n+1)d_3$$

$$+\frac{1}{120}(n-3)(n-2)(n-1)n(n+1)d_4.$$

并以同樣術法，求得 (1) 築堤差夫，差夫給米；(2) 圓箭束招兵，招兵給米；(3) 平方招兵，招兵支銀，招兵給米；(4) 立方招兵，招兵支錢，各式

(1) 築堤差夫　上差，$b_1=a$，　　下差，$d_2=b$.

$$a+(a+1\cdot b)+(a+2\cdot b)+\cdots\cdots+(a+\overline{n-1}\cdot b)$$

$$=nd_1+\frac{1}{2}(n-1)n\cdot d_2.$$

差夫給米

$$na+(n-1)(a+1\cdot b)+(n-2)(a+2\cdot b)+\cdots\cdots+1\cdot(a+\overline{n-1}\,b)$$

$$=\frac{1}{2}n(n+1)d_1+\frac{1}{6}(n-1)n(n+1)d_2.$$

(2) 圜箭束招兵　上差，$d_1=\mu_1$，　　二差，$d_2=\mu_2-\mu_1$，

下差，$d_3=\mu_3-(2d_2+d_1)$.

$$\{1+k(1+2+3+\cdots\cdots+b)\}$$

$$+\{1+k(1+2+3+\cdots\cdots+\overline{b+1})\}$$

$$+\cdots\cdots+\{1+k(1+2+3+\cdots\cdots+\overline{b+n-1})\}$$

$$=nd_1+\frac{1}{2}(n-1)nd_2+\frac{1}{6}(n-2)(n-1)nd_3.$$

招兵給米

$$n\{1+k(1+2+3+\cdots\cdots+b)\}$$

$$+(n-1)\{1+k(1+2+3+\cdots\cdots+b+1)\}$$

$$+\cdots\cdots+1\{1+k(1+2+3+\cdots\cdots+\overline{b+n-1})\}$$

$$=\frac{1}{2}n(n+1)d_1+\frac{1}{6}(n-1)n(n+1)d_2+\frac{1}{24}(n-2)(n-1)n(n+1)d_3.$$

(3) 平方招兵　上差，$d_1=\mu_1$，　　二差，$d_2=\mu_2-\mu_1$，

下差，$d_3=\mu_3-(2d_2+d_1)$.

$$a^2+(a+1\cdot b)^2+(a+2\cdot b)^2+\cdots\cdots+(a+\overline{n-1}\cdot b)^2$$

$$=nd_1+\frac{1}{2}(n-1)nd_2+\frac{1}{6}(n-2)(n-1)nd_3$$

招兵支銀

$$na^2+(n-1)(a+1b)^2+(n-2)(a+2b)^2+\cdots+1(a+\overline{n-1}b)^2$$
$$=\frac{1}{2}n(n+1)d_1+\frac{1}{6}(n-1)n(n+1)d_2+\frac{1}{24}(n-2)(n-1)n(n+1)d_3.$$

招兵給米

$$a^2+\{a^2+(a+1\cdot b)^2\}2+\{a^2+(a+1\cdot b)^2+(a+2\cdot b)^2\}3+\cdots\cdots$$
$$+\{a^2+(a+1\cdot b)^2+(a+2\cdot b)^2+\cdots\cdots+(a+\overline{n-1}\cdot b)^2\}n$$
$$=\frac{1}{6}n(n+1)(2n+1)d_1+\frac{1}{24}(n-1)n(n+1)(3n+2)d_2$$
$$+\frac{1}{120}(n-2)(n-1)n(n+1)(4n+3)d_3$$

(4) 立方招兵　上差，$d_1=\mu_1$，　二差，$d_2=\mu_2-\mu_1$，

三差，$d_3=\mu_3-(2d_2+d_1)$，

下差，$d_4=\mu_4-[3(d_3+d_2)+d_1]$

$$a^3+(a+1\cdot b)^3+(a+2\cdot b)^3+\cdots\cdots+(a+\overline{n-1}\cdot b)^3$$
$$=nd_1+\frac{1}{2}(n-1)nd_2+\frac{1}{6}(n-2)(n-1)nd_3$$
$$+\frac{1}{24}(n-3)(n-2)(n-1)nd_4.$$

招兵支錢

$$na^3+(n-1)(a+1\cdot b)^3+(n-2)(a+2\cdot b)^3+\cdots\cdots+1(a+\overline{n-1}\cdot b)^3$$
$$=\frac{1}{2}n(n+1)d_1+\frac{1}{6}(n-1)n(n+1)d_2+\frac{1}{24}(n-2)(n-1)n(n+1)d_3$$
$$+\frac{1}{120}(n-3)(n-2)(n-1)n(n+1)d_4.$$

61.　近古期之方程論　近古期研治方程式論者，有宋劉益，

賈憲，秦九韶(1247)，元李治(1248)，朱世傑(1299)諸人。楊輝稱：劉益以益隅開方，實冠前古。劉益中山人，以句股之術，治演段鎖方，作議古根源(約1080)，撰成直田演段百問，其書所舉帶從開方，雖僅及二次式，已與和涅(Horner)法(1819)相似。例如：

$x^2+12x=864$,　　令 $x=x_1+x_2$,　　第一上商，$x_1=20$.

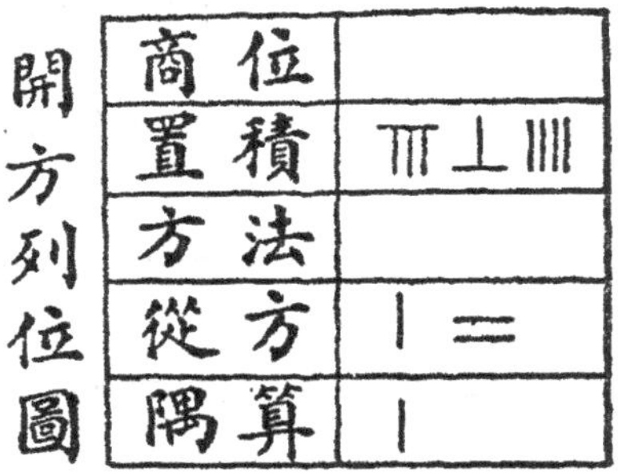

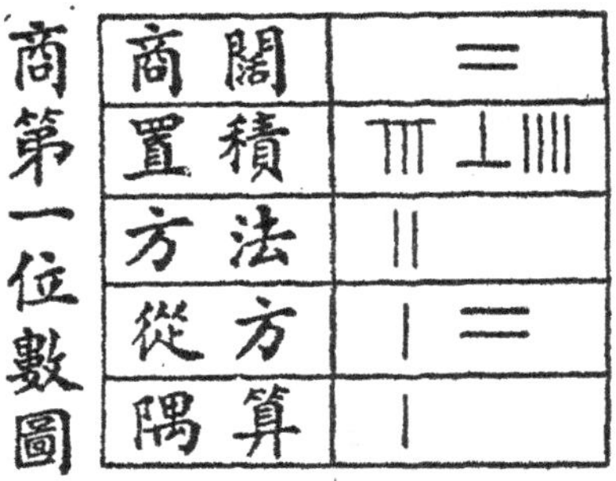

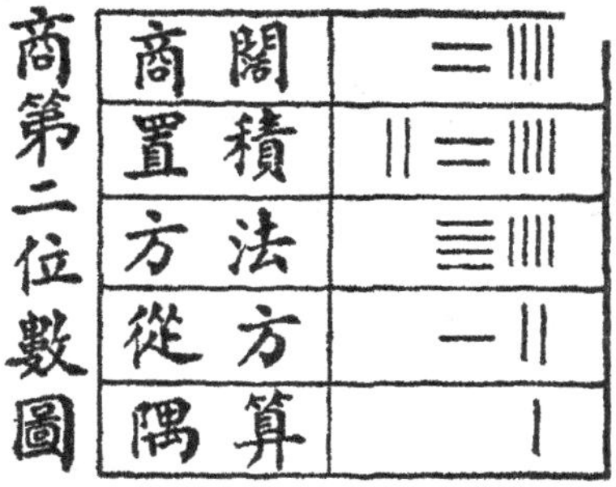

開方列位圖

商位	
置積	𝍧𝍮𝍣
方法	
從方	𝍠 𝍪
隅算	𝍠

商第一位數圖

商闊	𝍪
置積	𝍧𝍮𝍣
方法	𝍡
從方	𝍠 𝍪
隅算	𝍠

，

商第二位數圖

商闊	𝍪𝍣
置積	𝍡𝍪𝍣
方法	𝍬𝍣
從方	𝍩𝍡
隅算	𝍠

即	(隅)	(從方)	(方法)	(實)	(上商)	
	100+	120		−864	20	$x_1=20$
				+240		
			+200	+400		
	100+	120	+200	−224	「二因方法，一退名廉」得	
			×	2	變式 $x_2^2+12x_2+40x_2=224$	
	100+	120	+400	−224	$\therefore\ x_2=4$	

蓋 $x^2+bx+c=0$, 初商 x_1 代入後，餘實 $=f$, 其變式爲

$$(2x_1+x_2)x_2+bx_2+f=0,\quad 或\quad x_2^2+(b+2x_1)x_2+f=0$$

次於劉益者爲賈憲，賈憲爲楚衍弟子，有算法斅古集二卷，宋楊輝稱黃帝九章……聖宋右班(殿)值賈憲撰草。宋史稱賈憲黃帝九章細草九卷是也。楊輝詳解九章算法引有賈憲立成釋鎖平方及立方法。又引賈憲遞增三乘開方法，可以和湟相類之法記之，如：

$$x^4-1336336=0,\quad x=34$$

$$\begin{array}{rrrrrl}
1(10)^4+ & 0\times(10)^3+ & 0\times(10)^2+ & 0\times(10)- & 1336336 & \underline{|30} \\
+ & 30\times(10)^3+ & 900\times(10)^2+ & 27000\times(10)+ & 810000 & \\
\hline
1(10)^4+ & 30\times(10)^3+ & 900\times(10)^2+ & 27000\times(10)- & 526336 & \\
 & 30\times(10)^3+ & 1800\times(10)^2+ & 81000\times(10) & & \\
\hline
1(10)^4+ & 60\times(10)^3+ & 2700\times(10)^2+ & 108000\times(10)- & 526336 & \\
 & 30\times(10)^3+ & 2700\times(10)^2 & & & \\
\hline
1(10)^4+ & 90\times(10)^3+ & 5400\times(10)^2+ & 108000\times(10)- & 526336 & \\
 & 30\times(10)^3 & & & & \\
\hline
1(10)^4+ & 120\times(10)^3+ & 5400\times(10)^2+ & 108000\times(10)- & 526336 &
\end{array}$$

又

$$\begin{array}{rrrrrl}
1(10)^4+ & 120\times(10)^3+ & 5400\times(10)^2+ & 108000\times(10)- & 526336 & \underline{|4} \\
 & 4\times(10)^3+ & 496\times(10)^2+ & 23584\times(10)+ & 526336 & \\
\hline
1(10)^4+ & 124\times(10)^3+ & 5896\times(10)^2+ & 131584\times(10)+ & 0 &
\end{array}$$

宋秦九韶著數書九章十八卷(1247)而古正負開方術顯。其自平

方至九乘方，各數應列之地位，如下：

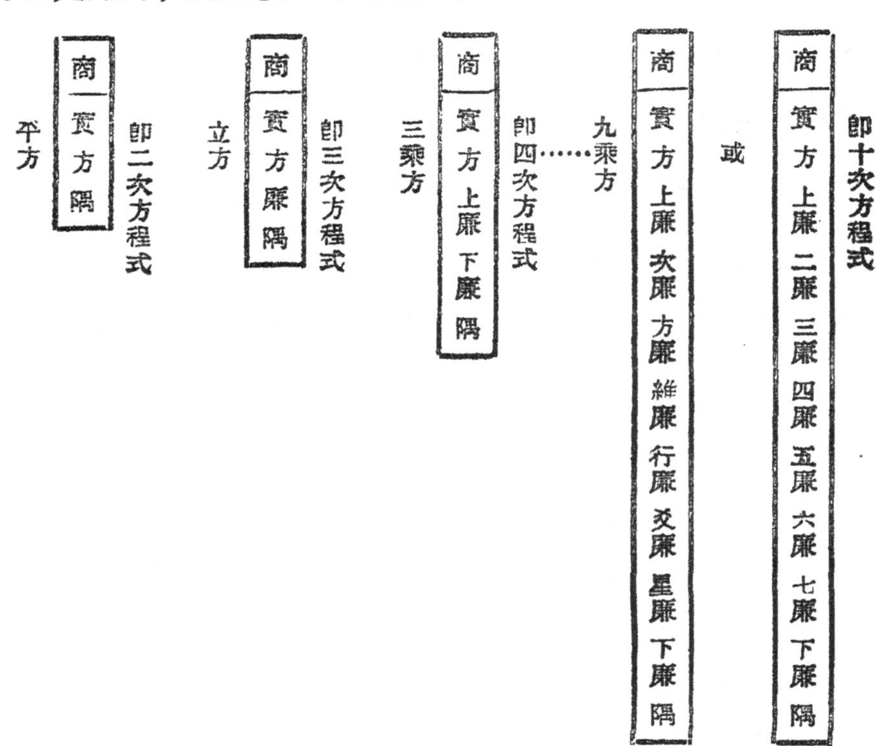

其開各乘方次序，與和涅法完全相似。其開方不盡者，或

(1) 進一位，如： $\sqrt{8000}=89+=90;$

(2) 加借算，如： $\sqrt{640}=25\frac{15}{2\times 25+1}=25\frac{5}{17},$

此項加借算之法，自古已有，祇及於開平立方，秦氏則擴充而應用於多乘方，

如方程式 $-x^4+15245x^2-6262506.25=0,$

初商 $x_1=20$ 後，變原式爲

$$-x_2^4-80x_2^3+14045x_2^2+577800x_2-324506.25=0,$$

假定此變式根數爲 1，故「以方、廉、隅、各數，正負相併爲分母，餘實爲分子」，

$$x=20\frac{324503.25}{590564}=20\frac{1289025}{2362256},$$

或所得分數爲負數時，則當棄此分數不用，如

$$36x^2+360x-13068.8=0$$

$$x=14.7-\frac{2.44}{139.68}=14.7$$

所謂「實不及收就續商」也。

(3) 退商進求小數，如

$$16x^2+192x-1863.2=0$$

$$x=6.85$$

是也。

(4) 用「連枝同體術」入之，如

$$121x^2-43264=0.$$

令 $x=\frac{y}{n}$, $n=121$, 代入上式得：

$$y^2-121\times 43264=0$$

$$y=2288$$

即
$$x=\frac{y}{n}=\frac{2288}{121}=18\frac{10}{11}.$$

此題或因 $\sqrt{121}=11$, 令 $x=\frac{y}{n}$, $n=11$, 直接代入原式得

$$y^2-43264=0$$

$$y=208$$

$$x=18\frac{10}{11}.$$

此與方程式論求有理數根之法相同。

元李冶益古演段(1259)於開方不盡，亦用「連枝同體術」。

元朱世傑算學啓蒙(1299)，四元玉鑑(1303)，於開方不盡，則於加借算，退商進求小數，連枝同體術，三法之外，別有之分法或之分術。蓋於原方程式先求得大數，次於變式按連枝同體術，令 $x_2=\frac{y}{n}$，求其小數。如方程式

$$576x^4-2640x^3+1729x^2+3960x-1695252=0,$$

得 $x_1=8$ 後，變式爲

$$576x_2^4+15792x_2^3+159553x_2^2+704392x_2-545300=0,$$

令 $x_2=\frac{y}{576}$，代入上式得：

$$y^4+15792y^3+91902528y^2+233700360192y$$
$$-104208452812800=0,$$

$$y=384,\qquad x_2=\frac{384}{576}=\frac{2}{3}$$

故 $$x=x_1+x_2=8\frac{2}{3}.$$

62. 近古期之割圓術　近古期之割圓術，可分爲(一)弧矢

論，(二)平面割圓術，(三)球面割圓術，三者立論。

(一)弧矢論　九章算術以弧矢形之面積爲

$$A=\frac{1}{2}(c\times b+b^2) \cdots\cdots\cdots\cdots (1)$$

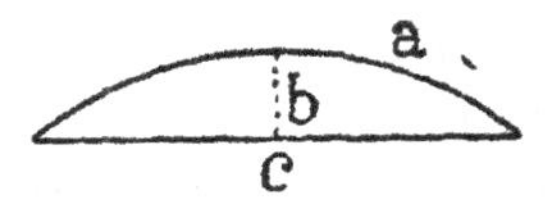

宋沈括(1030—1094)著夢溪筆談二十六卷，其第十八卷有「會圓術」以求弧矢形之弦及弧，如：

$$c=2\left[\left(\frac{d}{2}\right)^2-\left(\frac{d}{2}-b\right)^2\right]^{\frac{1}{2}}, \cdots\cdots\cdots\cdots (2)$$

$$a=\frac{2b^2}{d}+c \cdots\cdots\cdots\cdots (3)$$

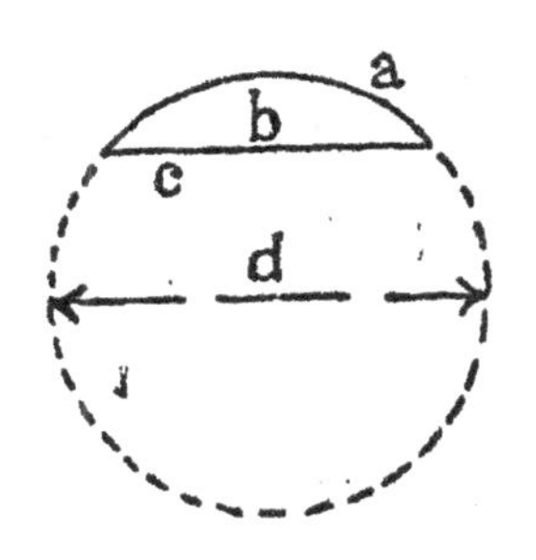

宋楊輝於詳解九章算法(1261)，有下列二式

$$c=\frac{2A}{b}-b, \cdots\cdots\cdots\cdots (1)$$

$$d=\frac{\left(\frac{c}{2}\right)^2}{b}+b, \cdots\cdots\cdots\cdots (2)$$

并由 (1), (2) 式算得:

$$-(2A)^2+4Ab^2+7db^3-5b^4=0, \quad \cdots\cdots\cdots\cdots\cdots (4)$$

元郭守敬(1231—1316)則於「黃道出入赤道二十四度，求矢」，則應用下列二式:

$$d=\frac{\left(\frac{c}{-}\right)^2}{b}+b, \quad \cdots\cdots\cdots\cdots\cdots (2)$$

$$a=\frac{2b^2}{d}+c, \quad \cdots\cdots\cdots\cdots\cdots (3)$$

算得:
$$b^4+d^2b^2-adb^2-d^3b+\frac{a^2d^2}{4}=0, \cdots\cdots\cdots\cdots\cdots (4)_2$$

宋秦九韶則於數書九章 (1247). 蕉田求積中，蕉田之面積 y, 則由下列公式:

$$4y^4+\left[\left(\frac{c}{2}\right)^2-\left(\frac{b}{2}\right)^2\right]\times 2y^2-10(c+b)^3=0,$$

而得.

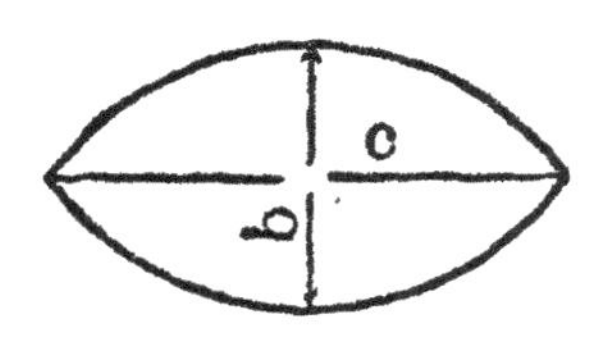

(二)平面割圓術　近古期論平面割圓術者首推趙友欽，所著革象新書五卷，明王煒删定者凡二卷. 其「乾象周髀」篇言割圓術，以內容四邊形起算，計算次序與劉徽相似，惟以

$$大弦=D,$$

$$大句=l,$$

$$大股=\sqrt{D^2-l^2},$$

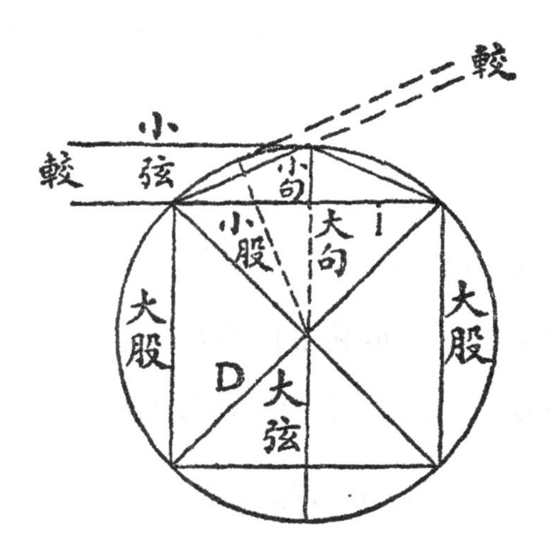

又　　　　較＝大弦－大股，

$$小句=\frac{D-\sqrt{D^2-l^2}}{2},$$

$$小股=\frac{l}{2},$$

$$小弦=\sqrt{\frac{D-\sqrt{D^2-l^2}}{2}+\left(\frac{l}{2}\right)^2}.$$

逐次如是，由四邊求八邊，由八邊求十六邊，求至16384邊，知$\pi=3.1415926+$．以證$\pi=\frac{355}{113}$，其爲法所以極精密，其入算亦用$\pi=3.1416$云。

（三）球面割圓術　郭守敬（1231—1316）首論球面割圓術。

其割渾圜卽算弧三角法。玆示有黃道積度 (complement of celestial longitude)，求赤道積度 (complement of right accession)，及赤道內外度 (declination)，又實測二至黃赤道內外半弧背 (angle between the celestial equator and the ecliptic) 二十四度。[所測就整。]

如圖 A 爲春分點，D 爲夏至點。

AD 爲黃道象限弧，AE 爲赤道象限弧。

今有 BD 爲黃道積度，求 (1) 赤道積度 CE，(2) 赤道內外度 BC. 自 D 作 DR 線與 OE 正交；自 B 作 BM 線與 OD 正交。

故已知 BD 弧 $\left(卽\frac{a}{2}\right)$ 及 $d=2r$，可由前述四次式：

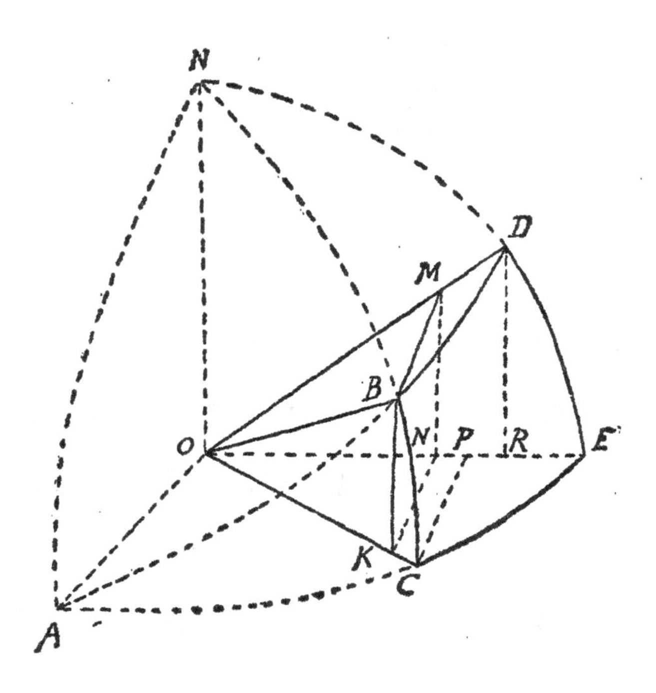

$$b^4+d^2b^2-adb^2-d^3b+\frac{a^2d^2}{4}=0, \quad \cdots\cdots\cdots\cdots(4)$$

在 BDM 半弧矢形中，求得 $MD(=b)$，而 $r-b=b=OM$.

同理，在 DER 半弧矢形中，已知 DE 弧 $\left(即\ \frac{a_1}{2}\right)$，及 $d=2r$，可由上述四次式求得 $RE(=b_1)$，而 $r-b_1=OR$.

因在 $\triangle OMN, ODR$ 相似正三角形中，$\frac{OM\times OR}{OD}=ON$.

由「會圓術」，$$a=\frac{2b^2}{d}+c, \quad \cdots\cdots\cdots\cdots(3)$$

則 $$\frac{a}{2}-\frac{b^2}{d}=\frac{c}{2}=BM, 即\ BM-\frac{MD^2}{OD}=BM$$

先求 $$OK=\sqrt{(KN=BM)^2+DN^2},$$

因在 $\triangle OKN, OCP$ 相似正三角形中，

$$\frac{(KN=BM)\times OC}{OK}=\frac{C_2}{2}=CP,$$

及 $$\frac{ON\times OC}{OK}=OP.$$

則最後在 CEP 半弧矢形中，已知 $b_2=r-OP=PE$，及 $\frac{c_2}{2}=CP$，

則 $\frac{{b_2}^2}{d}+\frac{c_2}{2}=\frac{a_2}{2}$，即 $\frac{(r-OP)^2}{d}+CP=CE$ 爲所求赤道積度.

次已知 BD 弧，由前已求得

$$r-b=OM, 及\ OK=\sqrt{(KN=KM)^2+ON^2},$$

則在 BCK 半弧矢形中，有 $r-OK=CK=b_3$.

因在 $\triangle OMN$, ODR 相似正三角形，有

$$\frac{OM\times DR}{OD}=MN=BK=\frac{c_3}{2},$$

則
$$\frac{b_3^2}{d}+\frac{c_3}{2}=\frac{a_3}{2},$$

即
$$\frac{(r-OK)^2}{d}+BK=BC,$$

爲所求黃赤道內外度。

上圖設以 BC 弧 $=a$, AC 弧 $=b$, AB 弧 $=c$, 則依上述二法解球面三角形 ABC, 實與下二式相當：

$$\sin b=\frac{\sin c\cdot\cos A}{\sqrt{\sin^2 c\cdot\cos^2 A+\cos^2 c}},$$

$$\sin a=\sin c\cdot\sin A.$$

63. 回回曆算之輸入 元人全盛之時，印度佛徒，巴黎意大利及中國之藝士，東羅馬及阿美尼亞之商賈，皆與阿拉伯之官吏，波斯，印度之天算家，會合於蒙古王庭。元初以金大明曆浸差，庚辰歲(1220)太祖西征。從臣耶律楚材(1190—1243)上西征庚午元曆，不果頒用。明陶宗儀輟耕錄卷九：「耶律(楚材)文正於算曆，卜筮，雜算，內算，音律，儒釋，異國之書，無不通究。嘗言西域曆五星，密於中國，乃作麻答把曆，蓋回鶻曆名也。」麻答把曆與西征庚午元曆，嘗同爲一物。明史曆志；稱：回回曆法乃西

域默德訥國王瑪哈穆特所作。元時入中國未果行。卽指此事也。元史稱:「元世祖(1280—1368)在濳邸時,有旨徵回回爲星學者札馬剌丁(Jamal-ud Din)等以其藝進,未有官署」。又稱:「至元四年(1267)西域札馬魯丁撰萬年曆,世祖稍頒行之」;復安置天文儀器於大都(卽北京)。明周述學祕錄神道大編曆宗通議卷第一十七:「西域儀象法式七段」內稱:「世祖至元四年(1267)禮(札)馬魯丁造西域儀象:(一)咱禿哈剌吉,漢言混天儀也;(二)咱禿朔八台,漢言測驗周天星曜之器也;(三)魯哈麻亦渺凹只,漢言春秋分晷影堂也;(四)魯哈麻亦木思哈,漢言冬夏至晷影堂也;(五)苦來亦撒麻,漢言渾天圖也;(六)苦來亦阿兒子,漢言地理志也.(七)𢊁速都兒剌不定,漢言晝夜時刻之器」(註一)元史又稱:「至元八年(1271)始置(回回)司天臺,秩從五品」。據元王士點商企翁元祕書監志卷七「回回書籍」條,於至元十年(1273)在祕書監者有:

兀忽列的四擘算法段數十五部。

罕里連窟允解算法段目三部。

撒唯那罕答昔牙諸般算法段目幷儀式十七部。

呵些必牙諸般算法八部。

至元十七年(1280)郭守敬創授時曆,淸俞正燮謂授時曆乃以回

(註一)　見南京國學圖書館藏鈔本曆宗通議.

回曆爲藍本而製成者.(註一) 皇慶二年(1313)可里馬丁上萬年曆,蓋終元之世,尙用回回曆.入明則明史曆志略稱:洪武初得回回曆書於元都.稱乾方先聖之書.洪武元年(1368)徵元回回司天監黑的兒都剌,司天監丞迭里月實等十四人,修定曆數,二年(1369)又徵回回司天監官鄭阿里等十一人至京議曆法.三年(1370)改司天監爲欽天監,以回回科隸焉.十五年(1382)敕翰林,吳伯宗,李翀及回回大師馬沙亦黑(亦作瑪沙伊赫,似爲Mashâyikh之音譯,即伊斯蘭教徒長老之義(註二))馬哈麻等譯乾方先聖之書之言天文陰陽曆象.十七年(1384)二月譯成,吳伯宗爲之序.洪武十八年(1385)阿剌比人獻土盤曆法,欽天監令元統去土盤譯爲漢算.元統於洪武十七年任欽天監漏博士,以洪武十七年甲子爲元,參授時曆,撰大統曆法通軌四卷,亦通曉回回曆者.梅文鼎稱:「土盤乃西域大師之法也,其法以沙代紙,以竹或鐵書之」.成化中欽天監副貝琳復修補回回曆書,十三年(1477)書成.故自元迄明爲風行回回曆時期.(註三)

(註一) 見俞正燮癸巳存稿卷八,書元史曆志後.

(註二) 見 Hughes' Dictionary of Islam, p. 571.
羽田博士,華夷譯語之撰者馬沙亦黑,大正六年九月號東洋學報.桑原隲藏著,何健民譯,隋唐時代西域人華化考,武漢大學文哲季刊五卷四號.明太祖御製文集有:「翰林院編修馬沙亦黑馬哈麻敕文」.

(註三) 參看章用,陽曆甲子考,數學雜誌第一卷,第一期,第 45—47 頁,民國二十五年八月,上海.

64. 元代域外算學家

(一)納速剌丁 公元一二五一年蒙古決議兩路出征。一路南征金國，以忽必烈主之，一路西征波斯，以旭烈兀主之。公元一二五六年旭烈兀先後取亦思馬因諸堡，其王魯克賴丁·忽兒沙(Ruku-ud-din Khourschah)於十一月十九日率著名天文家徒思人納速剌丁(Nassi-udr-din, 1201—1274)諸人出降，以諸人皆常勸其納款也。納速剌丁甚得旭烈兀之信任，公元一二五八年求擇地建一天文臺，旭烈兀許之。公元一二五九年在馬拉加域(Maragha)北高岡上開始建築，中備渾天儀及觀星器。復在阿八哈(Abaca)時，納速剌丁曾以其觀測之成績，撰爲天文表，題爲伊兒汗曆(Zidj Ilkhani)．此天文臺之藏書室，藏有取自報達之書甚多．旭烈兀曾自中國攜有中國天文家數人至波斯，其中最著名者爲傅穆齋(譯音，後二字疑爲蠻子之對音，通稱先生)，納速剌丁實從知中國紀年，及其計算之方。(註一)納速剌丁之亞拉伯文歐氏幾何原本，所設平行原理與近代平行線論，頗有影響．於畢達哥拉定理亦設有新證。其拉丁文譯本出版於公元一六五一年。(註二)拉速剌丁又疏多祿某大輯(Almagest)及柏拉圖亞理斯多得之倫理．歷仕旭烈兀(1258—1265)，阿八哈(1265—

(註一) 見馮承鈞譯，多桑蒙古史第四卷，第四章，第五章．

(註二) 見曹丹文譯，卡約黎初等算學史：幾何與三角，亞拉伯章．

1282)兩朝，卒於報達(Bagdad). 或曰馬拉加。

(二)兀魯伯　跛帖木兒(Timur the Lame 或 Timurlame 1336—1405)系出成吉斯汗後裔之女支，建國於撒馬爾干(Samaricand)，是時中國已完全脫離蒙古而獨立。明兵追逐敵人於塞外，并侵入若干蒙古地帶，帖木兒亦祇得稱臣納貢。帖木兒朝諸王，名見於明史者有哈里勒(Khalil)，沙哈魯(Châhroukh, 1404—1447)，兀魯伯(Ulug Beg, 1447—1449)，卜撒因(1455—1459)，阿黑麻(1469—1494)五王朝事跡。就中兀魯伯(1393—1449)善天文曆法，當其未卽位時(1420—1447)，嘗助人觀測天文，因成兀魯伯表四卷，其第一卷亦論及中國曆法紀閏之義。此表垂名歐州及東方。而波斯師傅阿羅彌(Al-Kashi, ?—C. 1436)實爲之助.(註一)阿羅彌又自箸書論算術及幾何。其所舉圓周率之數，有十六位正確。

(註一)　見馮承鈞譯，布哇著帖木兒帝國下篇第一章.

第七章

第四 近世期

65. 近世期算學 近世期算學，自明初至清初，約當公元一三六七年迄一七五〇年，前後凡四百年。此期算學雖繼承宋金元之盛，以公家考試制度，久已廢止，民間算學大師，又繼起無人，是稱中算沈寂時期。其古代算書與夫同時著作，賴有藏書家收羅，因獲流傳。此時算學事實之可記者，爲算盤之發明，與西洋算法之輸入。算盤之發明，實爲中算之革命。從此算數方法，普及民衆，一時作家，羣以歌訣相尙，力求簡易。回回曆法之應用，至此已成尾聲。西洋曆算，應時輸入，復與此界以刺激。雖其初輸入也，尙乏了解之人，而純粹歐化之算學，於此期在中華獲得一立足地，亦良可紀念矣。

66. 永樂時期算書 永樂元年(1403)始編永樂大典，初名文獻大成，由解縉(1369—1415)奉敕纂修，二年(1404)成書。繼復由姚廣孝(1335—1419)等重修，五年(1407)成書，改名永樂大典，其事韻卷一六三二九至一六三六四，言及算法，所採算

書,凡二十種,計:

周髀算經二卷,音義一卷.

九章算術九卷,

孫子算經二卷,

海島算經一卷,

五曹算經五卷,

夏侯陽算經三卷,

五經算術二卷,

數學九章十八卷,

益古演段三卷,

楊輝摘奇算法二卷,

楊輝詳解(九章)算法十二卷,

楊輝日用算法二卷,

楊輝纂類(附詳解後),

楊輝通變算法三卷,

透簾細草,

丁巨算法八卷,

錦囊啓蒙.

賈通(即亨)全能集二卷,

詳明算法二卷,

嚴恭通原算法一卷。

就中除嚴恭通原算法一卷，爲明洪武壬子(1372)年姑蘇嚴恭所撰外，餘幷爲前代算書。

67.　萬曆時期算書　明程大位於萬曆壬辰(1592)年撰成算法統宗十七卷，其卷十七末，「算經源流」所著錄明代算書，計有：

九章通明算法口卷，永樂二十二(1424)年劉仕隆撰，劉臨江人。

指明算法二卷，正統四年(1439)夏源澤撰，夏江寧人，

九章算法比類大全十卷，景泰元年(1450)吳敬撰，吳錢塘人，

算學通衍口卷，成化八年(1472)劉洪撰，劉京兆人，

九章詳註算法九卷，成化十四年(1478)許榮撰，許金陵人，

九章詳通算法口卷，成化十九年(1483)余進撰，余鄱陽人，

啓蒙發明算法口卷，嘉靖五年(1526)鄭高昇撰，鄭福山人，

馬傑改正算法口卷，嘉靖十七年(1538)馬傑撰，馬河間人，

正明算法口卷，嘉靖十八年(1539)張爵撰，張金臺人，

算理明解口卷，嘉靖十九年(1540)陳必智撰，陳寧都人，

重明算法口卷，

訂正算法口卷，嘉靖十九年(1540)林高撰，林會稽人，

算林拔萃口卷，隆慶六年(1572)楊溥撰，楊宛陵人，

一鴻算法口卷，萬曆十二年(1584)余楷撰，余銀邑人。

庸章算法口卷，萬曆十六年(1588)朱元濬撰，朱新安人。

程大位所舉諸書，嘗經目覩，上述各書，除吳敬九章算法比類大全一書外，今并無傳。同時箸作見於他書或現存者，計有：

王氏數學舉要口卷，(約公元一三五〇年撰)序文見皇明文衡卷三十八。

算集口卷，陳邦偁撰，陳廣西全州人，正德甲戌(1514)進士，見粵西文載。

綴算舉例一卷，楊廉撰，楊豐城人，成化末年(1487)進士，見清四明范氏天一閣藏書目錄。

數學圖訣發明一卷，楊廉撰，見清黃虞稷千頃堂書目。

句股算術二卷，嘉靖十二年(1533)顧應祥撰，現存。

測圓海鏡分類釋術十卷，嘉靖二十九年(1550)顧應祥撰，現存。

弧矢算術無卷數，嘉靖三十一年(1552)顧應祥撰，現存。

測圓算術四卷，嘉靖三十二年(1553)顧應祥撰，現存。

神道大編曆宗算會十五卷，嘉靖三十七年(1558)周述學撰，現存。

算法解口卷，青陽盧氏撰，見數學通軌序。

數學通軌一卷，萬曆六年(1578)柯尚遷撰，現存。

上述各書，除顧應祥四種外，又多程大位所未見。其未記時代或

撰人姓名，而見於諸家記錄者，計

算學源流一部一册，

算法補缺一部一册，

鈔錄算法一部一册，

算法百顆珠一部一册，

見明文淵閣書目(1441)；

算法大全口卷，都察院刻，

算法口卷，南京國子監刻，

九章算法口卷，南京國子監刻.

見嘉靖三十八年(1559)進士黄弘祖古今書刻；

範圍分類，

六門算法，

範圍歌訣，

律呂算法，

萬物算數.

見明嘉靖進士晁瑮晁氏寶文堂書目；

金蟬脫殼，縱橫算法一卷.

見明高儒百川書志；

算法通纂一本，

百家纂證一本，

九章詳註比類均輸算法大全六本.

見明趙琦美(1563—1624)脈望館書目;

句股算法一册.

見明朱睦㮮萬卷堂書目;

算經品一卷一册,

方圓句股圖解一卷一册,

九九古經歌一卷一册,

雙珠算法二卷一册.

見明萬曆進士祁承㸁淡生堂藏書目;

九歸方田法一卷,

見明徐𤊹徐氏家藏書目(1592);

開平方訣一本.

見四明天一閣藏書目錄;

古今捷法□卷,

乘除祕訣□卷,

日用便覽□卷.

見譚文數學尋源卷一,(1750).

68. 明代算學家

(一)吳敬　吳敬字信民號主一翁,杭州府元和縣人.因善算,並從寫本九章採輯舊聞,於明景泰元年(1450)撰成九章算法

第十二圖　明吳敬造象

(據明刻本九章算法比類大全十卷本，上海東方圖書館舊藏)

比類大全十卷。一卷方田，二卷粟米，三卷衰分，四卷少廣，五卷商功，六卷均輸，七卷盈朒，八卷方程，九卷句股，十卷開方。總千四百餘問，都數十萬言，積功十年而成，時已年老目昏，乃由何均自謄書錄成帙，金臺王均士傑爲之傳刻行世。初版刻後，板燬於火，十存其六。吳敬長嗣怡庵處士，命其季子名訥字仲敏而號循善者，重加編校而印行之云。吳敬全書以籌算舉例，但於原書起例，河圖書數註，稱：

「不用算盤，至無差誤。」

又於河圖書數歌訣，稱：

「免用算盤並算子，乘除加減不爲難。」

明程大位新編直指算法統宗(1592)卷十二，河圖縱橫圖內，亦引此文，程氏又於同卷寫算，及一筆錦條內，並稱：

「不用算盤數可知。」

似吳敬 (1450) 及程大位(1592)所稱算盤，同爲一物．故梅文鼎以爲「是(九章比類)書爲錢塘吳(敬)信民作，其年月可考而知，則珠盤之來，固自不遠」云。(註一)

(二)程大位　程大位字汝思號賓渠，新安人．善算學，少遊吳、楚，遇及算數諸書，輒購而玩之，歲壬辰(1592)年躋六秩，乃

(註一) 見明弘治元年(1488)刻本，明吳敬九章算法比類(1450)十卷，八册，商務印書館·東方圖書館藏本.

舉平生師友之所講求，咨詢之所獨得者，撰成新編直指算法統宗十七卷，萬曆壬辰，程涓，程時用，吳繼授曾爲之序。程書毎篇

第十三圖　程大位遺象.

(據康熙丙申年，1716，通刻本算法統宗)

通俗，詳略得中。故其珠算，雖溯源於宋元之撞歸法，而明記算盤，如明柯尙遷數學通軌(1578)，雖有在程氏之前者，而程書流傳猶廣。康熙丙申(1716)曾孫程光紳重刻算法統宗序稱是書風行海內，坊間刻本，無慮數十。程書多稗販成說，其縱橫圖說，疑出宋丁易東及楊輝。而寫算鋪地錦，則本自回回算法也。(註一)

(三)柯尙遷　「柯尙遷柯時偕弟，(福建長樂)下嶼人。嘉靖二十八年(1549)貢生，邢臺縣丞」(註二)日本三重縣宇治山田市之神宮文庫藏有萬曆六年(1578)長樂柯尙遷曲禮外集補學禮六藝附錄數學通軌，集之十五，一册。柯書在日本流傳甚廣，高橋織之助，算話拾薀集亦引有數學通軌序。(註三)柯氏書中引有「九歸總歌法語」，「撞歸法語」，「還原法語」，與吳敬(1450)之「九歸歌法」，「撞歸法」，及程大位(1592)之「九歸歌」，「撞歸法」幾全一致，其初定算盤圖式爲十三位算盤，如下圖

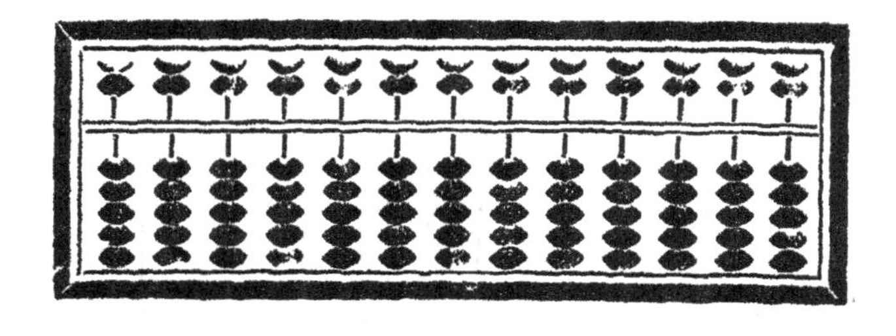

(註一)　見淸康熙丙申年(1716)重刻本，明程大位算法統宗(1592)十七卷，四册.

(註二)　見同治己巳(1869)重修本長樂縣志卷十一下，選舉下，第5頁.

(註三)　見昭和八年(1933)曆算書複刻刊行會印本算話拾薀集.

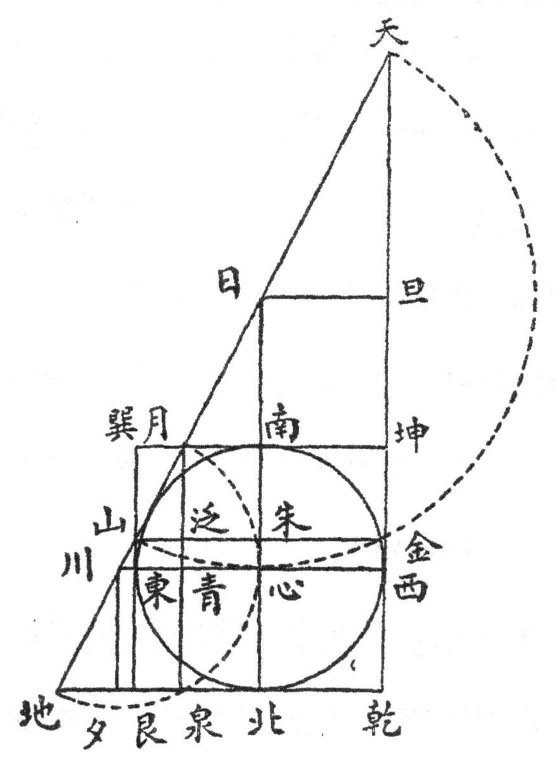

	弦,c,	句,a,	股,b,
大或通△天地乾	680,	320,	600,
邊△天川西	544,	256,	480,
底△日地北	425,	200,	375,
黃廣△天山金	510,	240,	450,
黃長△月地泉	272,	128,	240,
上高△天日旦	255,	120,	225,
下高△日山朱	255,	120,	225,
上平△月川青	136,	64,	120,
下平△川地夕	133,	64,	120,
大差△天月坤	408,	192,	260,
小差△山地艮	170,	80,	150,
(皇)極△日川心	289,	136,	255,
(太)虛△月山泛	102,	48,	90,
明△日月南	153,	72,	135,
叀△山川東	34,	16,	30.

(四)顧應祥　顧應祥(1483—1565)字箬溪，吳興人。撰有句股算術二卷(1533)，顧應祥自序於滇南巡撫行臺。又有測圓海鏡分類釋術十卷(1550)，弧矢算術無卷數(1552)，測圓算術四卷(1553)。其論測圓海鏡謂「設爲天、地、日、月、山、川、東、西、南、北、乾、坤、艮、巽、名號。而以通句股，邊句股，底句股等錯綜而求之，極爲明備。但每條細草，止以天元一立算，而漫無下手之處」，蓋宋金元天元術至此已遺忘矣。

(五)周述學　周述學字雲淵，號繼志，山陰人。著神道大編，曆宗算會十五卷(1558)，(註一)卷一入算，卷二子母分法，卷三句股，卷四開方，卷五立方，卷六平圓，卷七弧矢經補上，卷八弧矢經補下，卷九分法工分，卷十總分，卷十一各分，卷十二積法，卷十三立積，卷十四隙積，算會聖賢姓氏，卷十五歌訣。其中附圖有獨出心裁者。

(註一)　見南京國學圖書館藏神道大編曆宗算宗十五卷．北平中法大學圖書館藏有殘本八卷，計卷一，二，弧矢經補，卷三立方，卷四平圓，卷五開方，卷六各方，卷七總分，卷八分法．見鄧衍林北平各圖書館所藏中國算學書聯合目錄，第 71 頁，1936，北平．

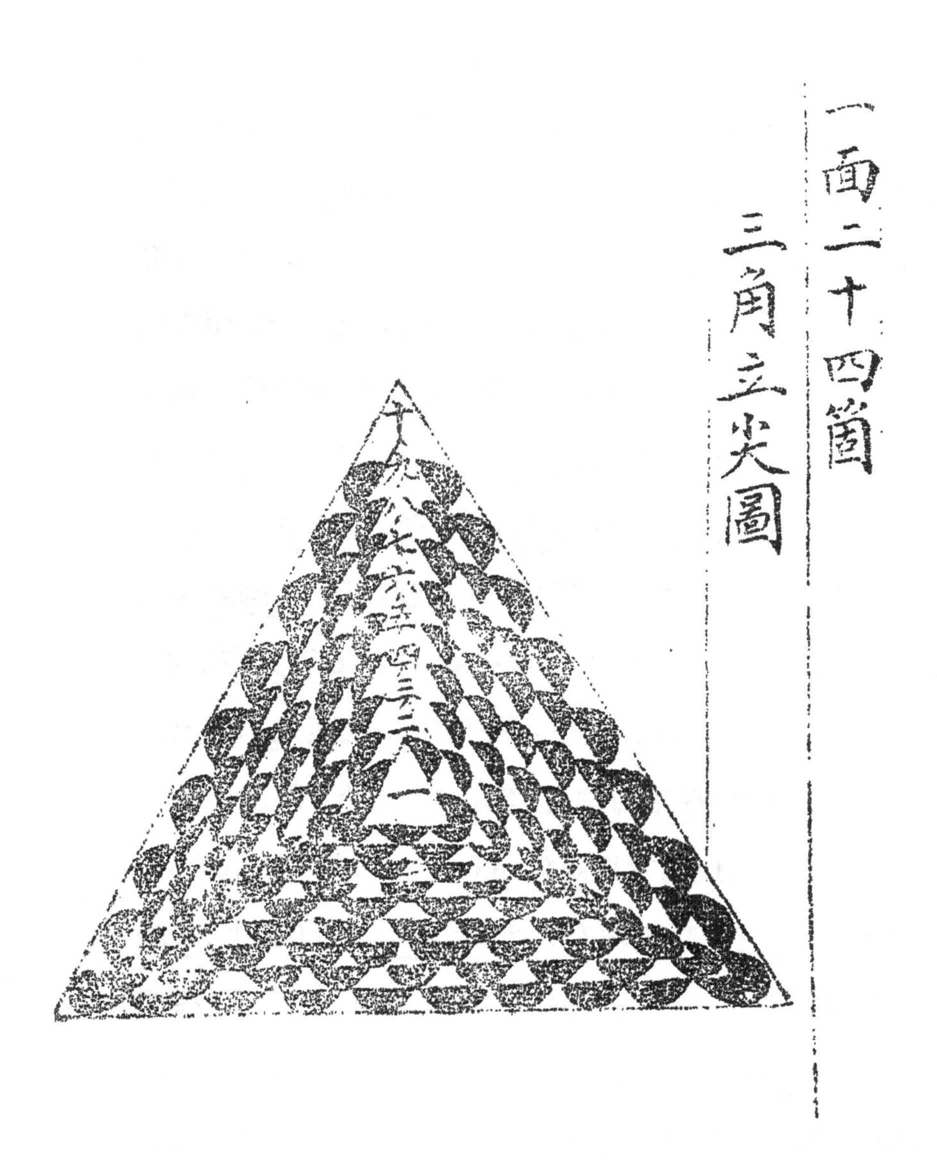

第十四圖　明周述學三角立尖圖

(據神道大編曆宗算會,南京國學圖書館鈔本.)

69. 算經十書之流傳 算經十書經南宋重版後，至明流傳甚少.永樂大典(1407)收有周髀算經二卷，音義一卷，九章算術九卷，孫子算經二卷 海島算經一卷，五曹算經五卷，夏侯陽算經三卷，五經算術二卷，未詳版本.所可知者，則周髀算經尙有明刻本，九章算法雖經國子監監刻行世，而吳敬九章算法比類大全序(1450)尙稱歷訪九章全書，久之未見，僅獲寫本，而古註混淆云.至其他各經，作家甚少引用.幸宋版算經十書疊經藏書家收藏，因獲流傳.據程大位算法統宗(1592)，則宋版算經十書爲(甲)孫子算經二卷，(乙)張丘建算經三卷，(丙)九章算經九卷，(丁)五曹算經五卷.(戊)夏侯陽算經三卷，(己)周髀算經二卷，(庚)緝古算經一卷，(辛)數術記遺一卷，(壬)五經算術二卷，(癸)海島算經一卷，等十種.除(壬)(癸)二書，收藏宋本尙無記錄外，明內府藏有(甲)孫子算經，因現存宋本，有「厚載崇教之寶」印記，疑出於明內府也.次則陳道復(1482—1539，或1483—1544)藏有(丙)九章算經，因現存宋本有「陳道復」印記也.錢謙益(1582—1664)藏有(甲)(乙)(戊)三種，亦據宋本印記.據毛扆算經(十書題)跋(1684)，則李開先(1501—1568)藏有(己)(庚)二種.王世貞(1526—1590)藏有(甲)(乙)(丁)(戊)四種，黃虞稷(1629—1691)藏有(丙)一種，其後並歸毛晉(1598—1659).而同時錢曾(1629—1700)於收藏影宋鈔本(甲)(乙)(丙)(丁)

(戊)(己)(庚)各書外,復有鈔本(辛)數術記遺一種,或亦影宋鈔本。此明人收藏算經十書之大概也。入清則毛晉所藏宋本(戊)夏侯陽算經流入清內府,載入天祿琳瑯書目,又影鈔宋鈔本(甲)至(庚)等七種以進,今編入天祿琳瑯叢書中。其宋刻原本則入清後,藏(乙)者有季振宜,藏(乙)(丙)(丁)(辛)者有徐乾學(1631—1694),進藏(甲)(乙)(丙)三種者有張敦仁(1754—1834),顧廣圻(1766—1835),秦恩復(1760—1843)三人,最後歸於潘祖蔭(1830—1890)。而(丁)種則張之洞(1837—1909)曾經收藏。最後藏(丁)(辛)二種者爲德化李氏。(註一)至(戊)種宋本入清內

(註一)　現存宋刻宋印本孫子算經三卷,張丘建算經三卷,殘本九章算經五卷,有明府內及明陳道復,錢謙益,王世貞,錢曾,黃虞稷,毛晉,清季振宜,徐乾學,張敦仁,顧廣圻,秦恩復,潘祖蔭諸人印記.

清于敏中等天祿琳琅書目有夏侯陽算經一函三册,見首部算經條下.此書有錢謙益,王世貞,毛晉諸人印記.

現存宋刻宋印本五曹算經五卷,數術記遺一卷,有徐乾學印記,見趙萬里芸盦羣書題記,民國二十一年十二月七日大公報圖書副刊,第六期.

讀書敏求記考證四卷,子部有五曹算經五卷,經荃孫云:北宋本歸(南皮,張之洞)抱冰堂.

粵雅堂叢書第九十四册,錢曾述古堂書目及也是園書目,有:

元鈔本………趙君卿注,周髀算經二卷一本,

鈔本…………甄鸞注,數術記遺一卷,

影宋鈔本……張丘建算經三卷一本,

影宋鈔本……孫子算經三卷,

影宋鈔本……夏侯陽算經三卷一本,

影宋鈔本……緝古算經一卷,

影宋鈔本……五曹算經五卷.

府後未有消息,(己)(庚)兩種自毛晉收藏後亦無傳人,至(壬)(癸)二種則僅見於永樂大典。乾隆癸巳(1773)開四庫全書館算經十書中(甲)、(丙)、(丁)、(戊)、(己)、(壬)、(癸)等七種據永樂大典輯錄;(乙)、(庚)二種則據王杰(1725—1805)家藏毛氏景宋鈔本,(辛)種據兩江總督採進本共成十種。永樂大典本七種則於乾隆三十九年(1774)迄乾隆四十一年(1776)以聚珍版刊刻行世。是爲算經十書自明迄清初流傳之大概也。

70. 近世期中算輸入日本 中日自南宋以來,除商舶私相往來外,無復國交。入元而有文永,弘安之役。元至元十一年(日本文永十一年,公元1274年),元師征日,遇風而敗。至元十八年(日本弘安四年,公元1281年),元師再舉征日,大敗而回。不久元朝次第衰敗,不遑東征,而國交亦未恢復。明初乃有祖來之使。時日本持明天皇(即北朝天皇)之外,日本九洲,又有征西將軍懷良親王勢力方盛。據明太祖實錄卷一六七,則洪武四年(1317)十月癸巳,日本國王良懷(即懷良親王)遣其臣僧祖來到中國,比辭,遣僧祖闡(嘉興府天寧禪寺住持仲猷祖闡)克勤(金陵瓦官寺住持無逸元勤)等八人,護送還國,仍賜良懷大統曆及文綺紗羅。(註一)明永樂二年(日本應永十一年,公元1404年)以後,中

(註一) 見民國二十年五月,商務印書館初版本,木宮泰彥著,陳捷譯,中日交通史引善隣國寶記,并參明史日本傳.

日間以「勘合船」往來貿易，中國書籍輸入日本，爲數甚多。至萬曆二十年(1592)日本豐臣秀吉帥師攻朝鮮，至釜山上陸。(註一)朝鮮告急於明，其翌年明師敗，尋議和，厥後互有勝敗，至萬曆二十六年(1598)八月豐臣秀吉死，朝鮮之事乃平。相傳程大位之算法統宗(1592)，亦於斯役輸入日本。而豐臣秀吉之臣毛利重能，爲首傳算法統宗入日本者。日本近江之大津地方，於慶長(1596—1614)年間，曾廣事製造算盤。毛利重能所著算書(1622)，歸除濫觴二卷，及割算一書，並其徒吉田光吉(1598—1672)所著塵劫記(1627)，並詳述珠算之法。其後延寶三年(1675)湯淺得之尙翻刻算法統宗，加以註釋，稱爲算法統宗訓點。同時朝鮮曾傳刻宋楊輝算法，元朱世傑算學啓蒙，因而輸入日本。日本建部賢弘(1664—1739)所著刊本算學啓蒙諺解大成七卷，及寫本算學啓蒙諺解(拔解)一册，今藏日本帝國學士院。(註二)而數學九章，四元玉鑑，測圓海鏡，亦有傳入日本之形迹。狩野亨吉謂相傳日本算聖關孝和(1642—1708)於奈良某寺，得讀中國算學書凡三年，似亦心得測圓海鏡之義。此外元明算書如元安止齋(新刊)詳明算法二卷(洪武癸丑，1373，刊本)，明柯尙遷數學通軌(1578)在中國久無傳本者，在日本今尙有藏本。其元史曆志內

(註一)　中日交通史附錄「中日交通年表」引：西征日記，懲毖錄，豐臣秀吉傳。

(註二)　見和算圖書目錄第一四〇葉，昭和七年出版。

授時曆經四卷，在日本亦有單刻本行世。中根元圭且著有授時曆圖解發揮三卷，授時曆經俗解一卷．入清則新法算書(1645)殘本，梅氏曆算全書(1723)，律曆淵源(1723) 相繼傳入日本．

第八章

珠算術

71. 珠算起源 珠算起於何時，說者不一。其可考者，則「算盤」之名，始見於錢塘吳敬九章詳註比類算法大全(1450)之「河圖書數註」，及「河圖書數歌訣」內。休寧程大位新編直指算法統宗(1592)則詳述算盤制度及其用法。程大位又於算法統宗卷一，「用字凡例」內，稱：

「中： 算盤之中， 上。 脊梁之上，又位之左，

下： 脊梁之下，又位之右， 脊： 盤中橫梁隔木。」

則出自謝察微算經。此書新唐書，宋史箸錄作二卷，今已不全，無從考訂是否為宋人作品，不足據為珠算起源之證。其在吳敬程大位後記及算盤者，有明柯尙遷數學通軌(1578)，朱載堉算學新說(1603 刻)，黃龍吟算法指南(1604)。

清梅文鼎(1633－1721)以為「歸除歌括，最為簡妙，此珠盤所持以行也」，按歸除歌訣見於宋楊輝乘除通變算寶卷中(1274)，及元朱世傑算學啓蒙(1299)，而算學啓蒙「九歸除法」，與程大

位算法統宗「九歸歌」字句，大體相同，如：

朱世傑(1299)	程大位(1592)
九歸除法	九歸歌　呼大數在上，小數在下。
〔一歸〕　一歸如一進，見一進成十。	〔一歸〕　不須歸一者原數，不必歸也。其法故不立；
〔二歸〕　二一添作五，逢二進成十。	〔二歸〕　二一添作五，逢二進一十。
〔三歸〕　三一三十一，三二六十二，逢三進成十。	〔三歸〕　三一三十一，三二六十二，逢三進一十。
〔四歸〕　四一二十二，四二添作五，四三七十二，逢四進成十。	〔四歸〕　四一二十二，四二添作五，四三七十二，逢四進一十。
〔五歸〕　五歸添一倍，逢五進成十。	〔五歸〕　五一倍作二，五二倍作四，五三倍作六，五四倍作八，逢五進一十。
……	……
〔九歸〕　九歸隨身下，逢九進成十。	〔九歸〕　九歸隨身下，逢九進一十。

其明著「撞歸」,「起一」歌訣者,有元丁巨(1355),賈亨諸人,清錢大昕十駕齋養新錄以爲陶宗儀輟耕錄(1366)有走盤珠,算盤珠之喻,則元代巳有之矣。統上諸說,則珠算起源於十四世紀,而盛於十五六世紀,則似無疑義。

72 珠算說明 珠算者何,今引黃龍吟算法指南(1604)卷上所舉一則,以當說明:

「夫算盤每行七珠,中隔一梁,上梁二珠,每一珠當下梁五珠,下梁五珠,一珠只是一數。算盤放於人之位次,分其左右上下,右位爲前,左位爲後,前位爲上,後位爲下。凡前位一珠,當後位十珠,故云逢幾還十,退十還幾之說。上法,退法,九歸,歸除,皆從右起,因法,乘法,俱從左起。」

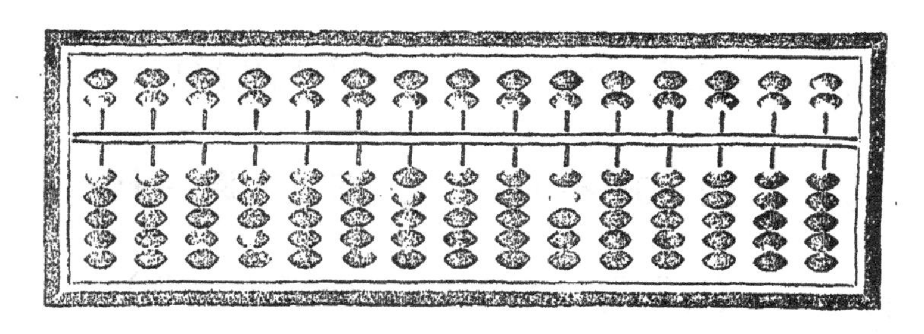

算盤有十一位,十三位,十五位者,梁上亦有一珠,二珠,或三珠者。梁上二珠最爲通用。梁上一珠,始見於黃龍吟算法指南

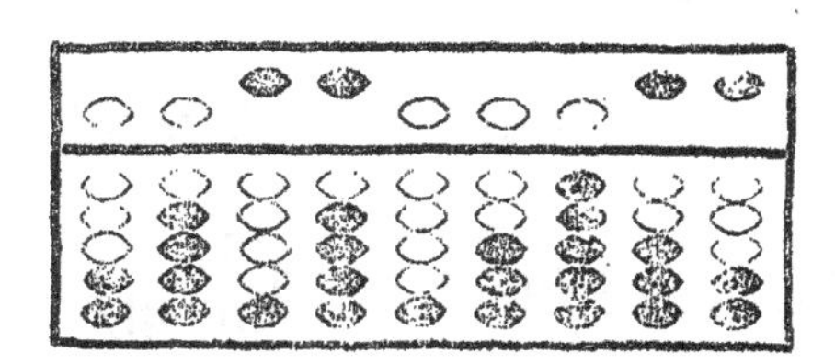

(1604)，梁上三珠，則清代始有，見於潘逢禧算學發蒙五種(1881)之內。

73　珠算加減法　珠算加法應用歌訣．此項歌訣爲珠算專用，程大位算法統宗卷一(1592)，稱爲「九九八十一，[便蒙通用]」：

(一)	一上一，	(一下五除四)，	(一退九還一十)，
	(0,1,2,3; 5,6,7,8,用)	(4,用)	(9,用)
(二)	二上二，	二下五除三，	二退八還一十，
	(0,1,2; 5,6,7,用)	(3,4,用)	(8,9,用)
(三)	三上三，	三下五除二，	三退七還一十，
	(0,1; 5,6,用)	(2,3,4用)	(7,8,9用)
(四)	四上四，	四下五除一，	四退六還一十，
	(0; 5,用)	(1,2,3,4用)	(6,7,8,9用)
(五)	五上五，	五下五，	五起五還一十，
	(0,1,2,3,4用)	(0,1,2,3,4用)	(5,6,7,8,9用)
(六)	六上六，	六上一起五還一十，	六退四還一十，
	(0,1,2,3用)	(5,6,7,8用)	(4; 9,用)

（七）　七上七，　七上二起五還一十，七退三還一十，

(0,1,2 用)　(5,6,7 用)　(3,4; 8,9, 用)

（八）　八上八，　八上三起五還一十，八退二還一十，

(0,1, 用)　(5,6, 用)　(2, 3, 4; 7, 8, 9, 用)

（九）　九上九，　九上四起五還一十，九退一還一十，

(0, 用)　(5, 用)　(1, 2, 3, 4; 6, 7, 8, 9, 用)

今以加八（八）爲例，則「零加八」，「一加八」，應呼「八上八」，如：

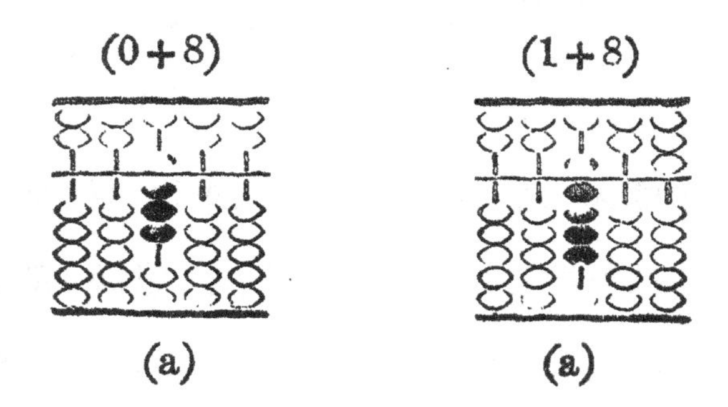

(a)　(a)

又「五加八」，「六加八」，應呼「八上三起五還一十」，如：

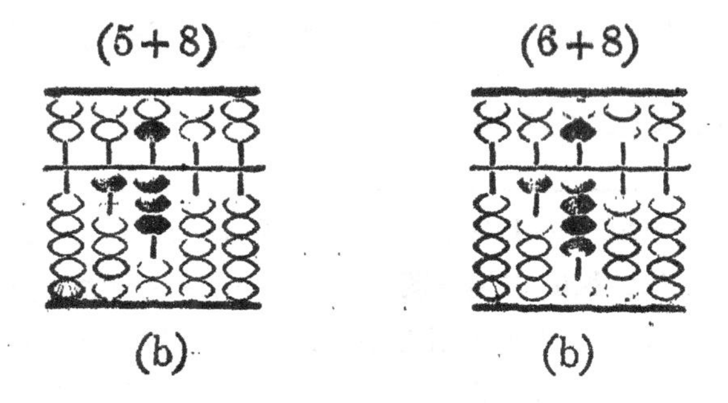

(b)　(b)

又「二加八」，「三加八」，「四加八」；「七加八」，「八加八」，「九加

八」，應呼「八退二還一十」，如：

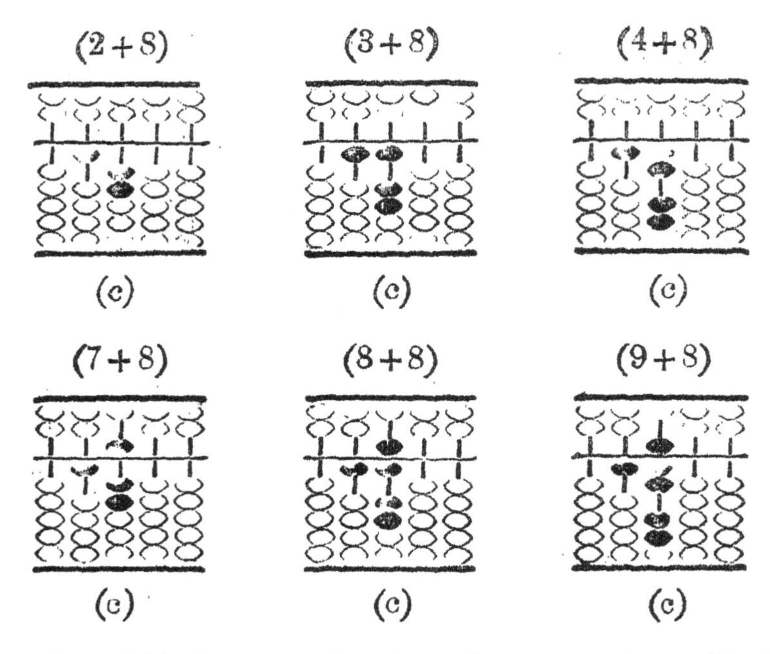

減法雖未明著歌訣，亦可因「九九八十一」同例求得.(註一)

74.　珠算乘除法　珠算乘法應用「九九合數」歌訣，與上古之「九九」完全相同，幷以「小數在上，大數在下」；但以一一爲始迄於九九，則宋金元時代已如此矣，如：

「一六如六，　二六一十二，　三六一十八，　四六二十四，

五六得三十，　六六三十六；

(註一)　減法的口訣——一去一，一上四去五，一退一還九．二去二，二上三去五，二退一還八．三去三，三上二去五，三退一還七．四去四，四上一去五，四退一還六．五去五，五退一還五．六去六，六退一還五去一，六退一還四．七去七，七退一還五去二，七退一還三．八去八，八退一還五去三，八退一還二．九去九，九退一還五去四，九退一還一．

……………　六七四十二；

……………　六八四十八，　七八五十六，　八八六十四，

……………　六九五十四，　七九六十三，　八九七十二，

九九八十一」

就中「六七四十二」，不作七六四十二，所謂「小數在上，大數在下，以別於「九歸歌」之「大數在上，小數在下」。

珠算乘法據程大位算法統宗卷二（1592），稱：「原有破頭乘，掉尾乘，隔位乘，總不如留頭乘之妙，故皆不錄」，而用留頭乘，今舉例如次：

例如：　2345×187

則置「實」2345 於左，置「法」187 於右，如下：

2345　　187

就中「實」2345 內最前之 2，稱為「實首」，最後之 5，稱為「實尾」；又「法」187 內最前之 1，稱為「法首」，最後之 7，稱為「法尾」。因法有三位，則於「實尾」後留三空位，如：

2345×××　　187

先以「實尾」之 5，徧乘「法首」後 8°，7，各位，最後乘及「法首」之 1°°，是稱「留頭乘」，留頭乘者留法之頭位最後乘，此時實位亦可移去，每次徧乘之次序為 (1)，(2)，(3)；(4)，(5)，(6)；(7)，(8)，(9)；(10)，(11)，(12)；卽：

$$
\begin{array}{rll}
 & 2345\times\times\times & 187 \\
5\times 8^{\circ}= & 40\ \cdots(\ ) & \\
5\times 7= & 35\cdots(2) & \\
1^{\circ\circ}\times 5= & \underline{5\quad\cdots(3)} &
\end{array}
$$

移去實尾之5，因此時5已徧乘187，相加，得：

$$2340935$$

次由實尾前位4°，徧乘187中之87，次及於$1^{\circ\circ}$，如

$$
\begin{array}{rll}
 & 2340935 & 187 \\
4^{\circ}\times 8^{\circ}= & 32\ \cdots\cdots(4) & \\
4^{\circ}\times 7= & 28\cdots\cdots(5) & \\
1^{\circ\circ}\times 4^{\circ}= & \underline{4\quad\cdots\cdots(6)} & \\
 & 2303415 & 187
\end{array}
$$

同理，

$$
\begin{array}{rll}
3^{\circ\circ}\times 8^{\circ}= & 24\ \cdots\cdots(7) & \\
3^{\circ\circ}\times 7= & 21\ \cdots\cdots(8) & \\
1^{\circ\circ}\times 3^{\circ\circ}= & \underline{3\quad\cdots\cdots(9)} & \\
 & 2064515 & 187
\end{array}
$$

又，

$$
\begin{array}{rll}
2^{\circ\circ\circ}\times 8^{\circ}= & 16\cdots\cdots\cdots(10) & \\
2^{\circ\circ\circ}\times 7= & 14\ \cdots\cdots(11) & \\
1^{\circ\circ\circ}\times 2^{\circ\circ\circ}= & \underline{2\quad\cdots\cdots(12)} & \\
 & 438515 & 187
\end{array}
$$

即：　　$2345\times187=438515.$

珠算除法據程大位算法統宗卷一(1592),稱:「九歸歸除法者,單位者曰"歸",位數多者曰"歸除"」.歸法用「九歸歌」,歸除法則參用撞歸法歌訣,如:

(一歸)　見一無除作九一

至(九歸)　見九無除作九九。

又「已有歸而無除用起一還原法,[即是起一還將原數施]」,如:

(一歸)　起一下還一[本位起一,下位還一]

至(九歸)　起一下還九[本位起一,下位還九]

是也。次二例第一例用歸法,第二例作歸除法。

例如:(甲)　　$10765432\div8.$

則置實 10765432 於盤左,置法 8 於盤右,如:

　　10765432　　　8

因首位爲 1,首呼「九歸歌」之「八一下加二」,意即 $10\div8=1$ 餘 2,故實首位 1 不動,於次位加 2,如:

　　$\underset{\smile}{1}2765432$　　　8

此時法第一位 1 爲商數,2765432 爲餘實.次呼「八二下加四」,即 $20\div8=2$ 餘 4,應加 4 於次位,如:

　　$\underset{\smile}{1}2765432$　　　8

　　　4

因 $4+7=4+(2+5)=(4+1)+1+(5)=1+10$. 按「九九八十一」歌訣呼「四下五除一」, 上式化爲

(10)

12165432　　　8

因(10)中有 8, 次呼「逢八進一十」, 即 $80\div 8=10$, 餘數 2 加 1 爲 3, 如:

13365432　　　8

此時法第一, 二位 13, 爲商數, 365432 爲餘實, 次呼「八三下加六」, 即 $30\div 8$ 餘 6, 如:

13365432　　　8

6

如前得　13325432　　　8

(10)

又呼「逢八進一十」, 即 $80\div 8=10$, 餘數 2 加 2 爲 4, 如:

13445432　　　8

又呼「八四添作五」, 即 $40\div 8=5$, 無餘, 如:

13455432　　　8

又呼「八五六十二」, 即 $50\div 8=6$, 餘 2, 如:

13456632　　　8

又呼「八六七十四」, 即 $60\div 8=7$, 餘 4, 如:

13456772　　　8

又呼「八七八十六」，卽 $70 \div 8 = 8$ 餘 6，如：

13456788　　　8

末呼「逢八進一十」，卽 $80 \div 8 = 10$，得：

1345679　　　8

卽：　$10765432 \div 8 = 1345679.$

又例如：(乙)　$12996 \div 19$

實第一位爲 1，按撞歸歌，呼「見一無除作九一」，意卽 $10 \div 1 = 9$，餘 1，此時假定之商爲 9，而原式

12996　　　19

應書爲

92996　　　19

加　1

減 9×9　(81)

但 $(29 + 10) < 9 \times 9 (= 81)$，不足減，則知商數 9 太大，擬改商數 9 爲 6，因 $9 - 6 = 3$，故呼「無除起三下還三」，卽：

92996　　　19

加　1

減(無除起三)　3

加　(下還三)　3

得　66996　　　19

呼「六九除五十四」，於實首位右「本位去五，右位去四 ，如：

	66996	19
減 6×9	54	
	61596	19

此時 6 爲第一商數，1596 爲餘實。次呼「見一無除作九一」，如：

69696	19

因 69<9×9(= 1)，則知假定商數 9 太大，退一位，改商數爲 8，呼「無除起一下還一」，上式

	69696	19
減（無除起一）	1	
加　（下還一）	1	
	68796	19

次呼「八九除七十二」，因 9>8×9(=7)可減，於實首二位右「本位去七，右位去二」，如：

	68796	19
減 8×9	72	
	68076	19

此時 68 爲第一、第二商數，076 爲餘實，次呼「逢四進一十」，即於 7 內減 4，此時假定之第三商爲 4，如：

68436	19

末呼「四九除三十六」恰盡。

$$\underline{68}436 \qquad 19$$

即 $12996 \div 19 = 684.$

珠算商除法亦見程大位算法統宗卷一，卷二，謂：「商除法者，商量法實多寡而除之，古法未有歸除，故用之．不如歸除，最是捷徑之法也．然開方法用之」．其法實數置於盤中，法數置於盤右，商數置於盤左．如 $3015 \div 67 = 45$，列式，如：

（商）45 （實）3015 （法）67

$$4^{\cdot} \times 6^{\circ} = 24$$
$$\overline{61}$$
$$4^{\circ} \times 7 = 28$$
$$\overline{335}$$
$$5 \times 6^{\circ} = 30$$
$$\overline{35}$$
$$5 \times 7 = 35$$
$$\overline{0}$$

第九章

西洋曆算之輸入

75. 利瑪竇之東來 十六世紀爲西洋天主教徒東來活動，最顯著之時期．但在萬曆十年(1582)以前．此項教徒多附葡萄牙及西班牙商人香料等貨船東來，未曾深入內地．對於中國科學上亦無所貢獻．(註一)自利瑪竇來華，乃開西算輸入之新紀元．先是元明曆算，爲回回教徒所主持，至此已成弩末，遂逐漸爲天主教徒，取而代之．

利瑪竇(Matteo Ricci)字西泰，大西歐羅巴意大利國人．一五五二年(明嘉靖三十一年)十月六日生於安柯那邊界(la marche d'Ancône)瑪塞拉搭城(Macerata)，十餘歲時其父送之至羅馬入學三年(1567—1571)，乃入耶穌會於神學校(Collegio Romano)研習科學(1572—1577)，從名師丁先生(Clavius)治數學．一五七七年(萬曆五年)請願東來傳教，航行五年，於一五八

(註一) 見裴化行(H. Bernard)著，蕭濬華譯，天主教十六世紀在華傳教誌 Aux Portes de la Chine. Les missionnaires du XVIe siécle (1514—1588)，民國二十五年(1936)，上海，商務印書館出版

第十五圖　利瑪竇遺象

(據金尼閣大明景教流行中國史, Nicolas　rigault, De Christiana Expeditione apud Sinas, 首頁右. 1616 年, Paul Welser 德文譯本. 長沙章用藏. Jentzsch, Göttingen, 攝).

二年(萬曆十年)抵廣東香山澳.先學中國語言文字,次年(1583)與羅明堅 (Michel Ruggieri) 同入廣東省城端州(肇慶府).萬曆十一年(1583)福建莆田人郭應聘以右都御史,兼兵部侍郎任廣東制臺,及肇慶府王泮,甚喜利氏,築室居之.萬曆十六年(1588) 靈壁人劉繼文以兵部侍郎兼僉都御史任端州府逐耶穌會士,十七年(1589)利氏由肇慶往韶州府,居於南華寺,二十二年(1594)由韶州而南雄,而南京.利瑪竇於肇慶,韶州識瞿汝夔,於南雄識王應麟.二十三年(1595)北行到南京,折回南昌.利瑪竇於南京識徐光啓.至萬曆二十六年(1598)隨新補禮部尙書廣東南海人王忠銘等至北京.二十七年(1599),被遣回居南京.利瑪竇旣廣交當日名流,乃於萬曆二十八年 (1600) 謀再入北京.(註一) 明神宗萬曆二十八年十二月甲戌(五日)實錄卷三五四稱:「天津稅監馬堂奏:遠夷利瑪竇所貢方物,暨隨身行李,譯審已明,封記題知,上令方物解進 (利)瑪竇伴送入京,仍下部譯

(註一) 見 H. Bernard 著, E. C. Werner 譯, Matteo Ricci's Scientific Conrtibution to China, 1935, Henri Vetch. Peiping.

L. Pfister, s. j., Notices biographigues et bibliographigues sur les Jésuites de l'ancienne mission de Chine, 1552—1773, Tome I, 1932 Imprimerie de la mission Catholigue. Chang-hai

張維華,明史佛郎機呂宋和蘭意大里亞四傳注釋, 1934 年燕京大學出版.

禹貢半月刊第五卷第三四合期(利瑪竇世界地圖專號),民國二十五年四月出版內:

洪煨蓮撰,考利瑪竇的世界地圖.

中村久次郎撰,周一良譯,利瑪竇傳.

第十六圖　明季徐光啓利瑪竇二公小像

（據格致彙編）

審」.又萬曆二十九年二月庚午朔實錄三五六云:「天津河御用監少監馬堂解進大西洋利瑪竇進貢土物幷行李」.據正教奉褒內,萬曆二十八年十二月二十四日利瑪竇貢表,知其所貢者,爲:天主圖像一幅,天主母圖像二幅,天主經一本,珍珠鑲嵌十字架一座,報時自鳴鐘二架,萬國圖誌一册,西琴一張.明史稱:「帝嘉其遠來,假館授粲,結賜優厚」.在北京日與徐光啓共譯幾何原本,與李之藻共譯同文算指等書.是爲西洋曆算輸入中國之始.利瑪竇不久去世.正教奉褒稱:「利瑪竇於萬曆三十八年閏三月十八日(卽公元1610年五月十一日)卒.時北京阜城門外,二里溝有籍沒私刱佛寺三十八間,地基二十畝,奉旨付竇塋葬.」

76. 利瑪竇譯著各書　利瑪竇來華後,譯著各書,計有:

天主實義二卷,於萬曆二十三年(1595)刻於南昌,有明燕貽堂刻本,(南京國學圖書館有藏本),書前有萬曆三十一年(1603)利瑪竇自序,及李之藻,馮應京序.

辯學遺牘有明習是齋刻本,附天主實義後(南京國學圖書館有藏本).

交友論以萬曆二十三年(1595)刻於南昌.

西國記法以萬曆二十三年(1595)刻於南昌.寶顏堂祕笈及說郛有覆刻本.

萬國輿圖,始譯於萬曆十二年(1584)時在肇慶,萬曆二十六年

(1598)刻於南京。

二十五言一卷,萬曆三十二年(1604)刻於北京。

西字奇蹟一卷,萬曆三十三年(1605),刻於北京.寶顏堂祕笈及說郛有覆刻本。

乾坤體義三卷,利瑪竇撰,萬曆三十三年(1605)刻於北京,入清箸錄於四庫全書.明萬曆間余永寧以此書與法界標旨合刻。

測量法義一卷,利瑪竇口譯,徐光啓筆受,刻入天學初函。

句股義一卷,題徐光啓撰,亦出於利瑪竇.刻入天學初函。

渾蓋通憲圖說二卷,約萬曆三十二年編,萬曆三十五年(1607)刻於北京。

幾何原本前六卷,徐光啓,利瑪竇共譯,以萬曆三十五年(1607)譯成,有萬曆三十九年(1611)刻本。

畸人十篇明刊本(南京國學圖書館藏)有萬曆三十六年(1608)李之藻序.

同文算指前編二卷,通編八卷,別編一卷,利瑪竇,李之藻共譯,有萬曆四十一年(1613)李之藻序,萬曆四十二年(1614)徐光啓序.其前編二卷 通編八卷,有明刻本,藏故宮圖書館,及浙江圖書館;別編一卷有鈔本,藏巴黎國立圖書館。

圜容較義一卷,利瑪竇授,李之藻演,有萬曆四十二年(1614)李之藻序稱此書成於萬曆三十六年(1608)十一月。

第十七圖　歐幾里得幾何原本十五卷原書，首頁．
遠西耶穌會士丁先生集解．
長沙章用藏．

以上各書除西國記法，萬國輿圖，西字奇蹟，乾坤體義四書外，餘幷收入天學初函中。利瑪竇所譯各書，以幾何原本，及同文算指爲最著。葉向高以爲：毋論其他學，即譯幾何原本一書，便宜賜葬地矣。同文算指係譯自 Clavius, Epitome arithmeticae practicae, 因版本不同，章節亦有異同之處。(註一) 日人小倉金之助據 1592 年本將原目及漢譯本比較如下。

Clavius Epitome, (Cologne, 1592)	同文算指
Capt.	前編
(1) numeratio.	(1) 定位第一。
(2) additio	(2) 加法第二。
(3) subtractio.	(3) 減法第三。
(4) multiplicatio.	(4) 乘法第四。
(5) divisio.	(5) 除法第五。
(6) numeratio fractorum	(6) 奇零約法第六。
(7) aestimatio fractorum.	(7) 奇零併母子法第七。
(8) fractiones fractorum.	(8) 奇零纍析約法第八。
(9) reductio fractorum.	(9) 化法第九。
(10) reductio fractorum.	

(註一) Clavius, Epitome arithmeticae practicae, 1585 年本，北平北堂圖書館藏；1592年本，日本小倉金之助藏；1607年本，長沙章用藏；此外尙有 1583 年本一種。

(11)	additio fractorum.		(10)	奇零加法第十。	
(12)	subtractio fractorum.		(11)	奇零減法第十一。	
(13)	multiplicatio fractorum.		(12)	奇零乘法第十二。	
(14)	divisio fractorum.		(13)	奇零除法第十三。	
(15)	insitio fractorum.		(14)	重零除盡法第十四。	
(16)	quaestiunculae.		(15)	通問第十五。	
				通編	
		問題數			問題數
(17)	regula trium	10	(1)	三率準測法第一,	20 [補8條]
(18)	regula trium eversa	5	(2)	變測法第二,	11 [補5條]
(19)	regula trium composita	20	(3)	重準測法第三,	35 [補14條]
(20)	regula societatum	26	(4上)	合數差分法第四上,	47 [補26條]
	[無]		(4下)	合數差分法第四下,	13 [補15條]

(21) regula alligationis 7	(5) 和較三率法第五，12 [補 3 條]
(22) regula falsi simplicis positionis 14	(6) 借衰互徵法第六，19 [補 3 條]
(23) regula falsi duplicis positionis 24	(7) 疊借互徵法第七，28 [補 3 條] [又補：
[無]	盈朒 10 條，疊數盈朒 8 條]
[無]	(8) 雜和較乘法第八，[俱補]
(24) progressiones arithmeticae.	(9) 遞加法第九，[補例12條]
(25) progressiones geometricae.	(10) 倍加法第十，
[無]	(11) 測量三率法第十一，[補句股略15條，總論]
(26) extractio radicis quadratae	(12) 開平方法第十二，
(27) appropinquatio radicum.	(13) 開平奇零法第十三，

[無]	(14) 積較和相求，開平方諸法第十四，　[俱補 凡7則]
[無]	(15) 帶縱諸變開平方法，第十五，　[俱補 凡11則]
(28) extractio radicis cubicae.	(16) 開立方法第十六，
[無]	(17) 廣諸乘方法第十七，　[一乘至七乘 尋原]
(20) Appropinquatio radicum in numeris non cubis.	(18) 奇零諸乘第十八.
	(通編完)

李之藻同文算指前編序稱：「薈輯所聞，釐爲三種：前編舉要，則思已過半；通編稍演其例，以通俚俗，間取九章補綴，而卒不出原書之範圍；別編則測圜諸術，存之以俟同志」，即說明其編譯之例.至幾何原本前六卷，則譯自 Clavius, Euclidis elementorum libri XV.(註一) 其圜容較義疑出於 Clavius Trattato della figura isoperimetre, 爲丁氏數學論叢五種 (Clavius, Opcea Mathematica, Maine, 1611—12) 之一，丁先生 (Clavius) 在當時

(註一) Clavius, Euclidis elementorum libri XV, 1589 年本，長沙章用藏；1591 年本北平北堂圖書館藏；此外尚有 1574 年本一種.

CHRISTO-
PHORI CLA-
VII
AMBERGEN-
SIS E SOCIETATE
IESV

EPITOME ARITHMETICAE
Practicae nunc quinto ab ipso auctore
anno 1606. recognita, & mul-
tis in locis locuple-
tata.

COLONIAE AGRIPPINAE,
Apud Bernardum Gualtherium
ANNO M DC. VII.
Cum sacrae C. Maiestatis priuilegio, & su-
periorum concessu.

第十八圖　同文算指，拉丁文原本
遠西耶穌會士丁先生撰
長沙章用藏

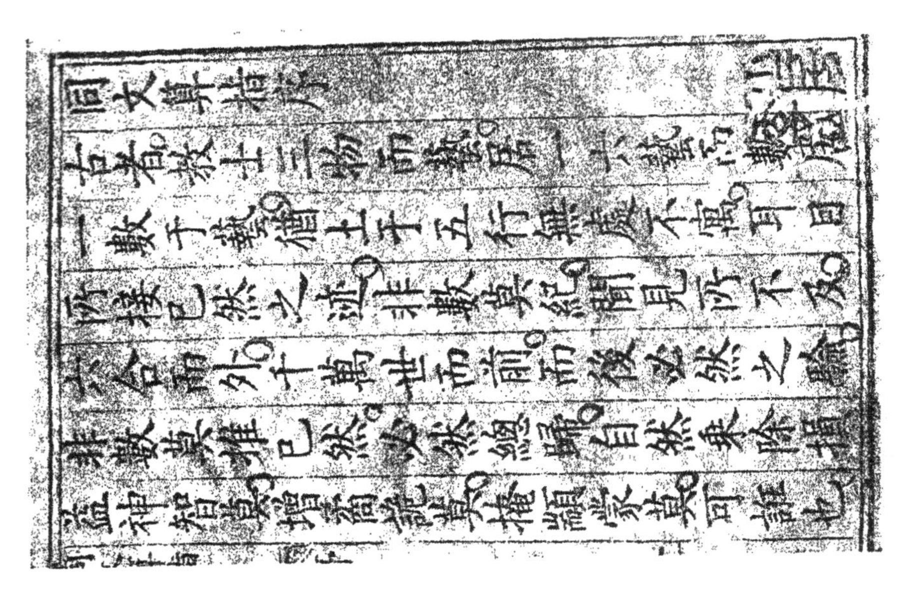

同文算指序

古者教士三物而藝居一六藝之中

一數于藝猶土于五行無處不寓耳目

所接已然之迹非數莫紀聞見所不及

六合而外千萬世而前而後必然之驗

非數莫推已然必然總歸自然乘除損

益神智莫增[illegible]莫可詭也

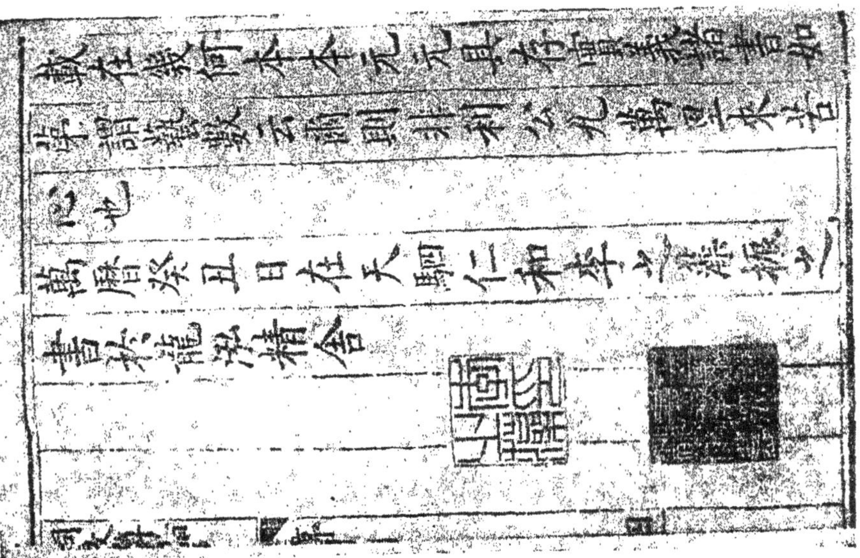

數在我何本本元元且若宣尼表數乃書如

已謂藝數云爾則非利公九數之本若

已也

萬曆癸丑日在天駟仁和李之藻振之

書於龍泓精舍

第十九圖　同文算指德文譯本

利瑪竇李之藻共譯

浙江省立圖書館藏明刻本

有「十六世紀之歐幾里得之目」，利瑪竇徐光啓李之藻譯文又極明顯，故其譯著各書在當日影響甚大。

77. 利瑪竇先後來華教士 在利瑪竇先後，來華教士，計有：羅明堅，復初(Micel Ruggieri, 1543—1607)，依大理亞國人於萬曆八年(1580)來華，見大西利先生行蹟。

麥安東，立修(Antoine d'Almeida,1556—1591)，玻耳爾都嘉國人，於萬曆十三年(1585)來華，見大西利先生行蹟。

石芳栖，鎮予 (François de Petris, 1563—1593)，依國人，於萬曆十八年(1590)來華，見大西利先生行蹟。

郭居靜，仰鳳 (Lazare Cattaneo, 1560—1640)，依國人，於萬曆二十二年(1594)來華，見大西利先生行蹟。

蘇如漢，贍清 (Jean Soerio, 1566—1607) 玻國人，於萬曆二十三年(1595)來華，見大西利先生行蹟。

龍華民，精華 (Nicolas Longobardi, 1559—1654) 依國人，於萬曆二十五年(1597)來華，見大西利先生行蹟。

羅如望，懷中(Jean de Rocha, 1566—1623)，玻國人，於萬曆二十六年(1598)來華，見大西利先生行蹟。

龐迪峨，順陽 (Didace de Pantoja, 1571—1618)，Séville 人，於萬曆二十七年(1599)來華，見沈㴶參遠夷疏。

費奇觀，揆一 (Gaspard Ferreira, 1571—1649)，玻國人，於萬

曆三十二年(1604)來華,見南宮署牘。

王豐肅,則望(Alphonse Vagnoni 1566—1640),依國人,於萬曆三十三年(1605)來華,見破邪集卷一,及南宮署牘.後改名高一志,則聖。

林斐理,如泉 (Félicien Da Silva. 1578—1614) 玻國人,於萬曆三十三年(1605)來華,見南宮署牘。

熊三拔,有綱 (Sabathin de Ursis, 1575—1620),依國人,於萬曆三十四年(1606)來華,見沈漼參遠夷疏。

陽瑪諾,演西(Emmanuel Diaz 1574—1659)玻國人,於萬曆三十八年(1610)來華,見南宮署牘。

金尼閣,四表(Nicolas Trigault, 1577—1628) Gallo-belge 人,於萬曆三十八年 (1610) 來華,見丁志麟代疑篇。著有大明景教流行中國記 (De Christiana Expeditione apud Sinas suscepta a soc. Jesu ex P. M. Ricci commentariis libri V, 1605)。

畢方濟,今梁 (François Sambiasi, 1582—1649),依國人,於萬曆四十一年(1613)來華,見大西利先生行蹟。

艾儒略,思及(Jules Aleni, 1582—1649),依國人,於萬曆四十一年(1613)來華,見艾先生行述及西海艾先生行述。

郭納爵,德旌 (Ignace de Costa, 1599—1666), Açores 人,於萬曆四十四年 (1616) 來華,西安明天主教碑題「極西修士郭崇仁

第二十圖　思及艾先生正容

(據西海艾先生行述,巴黎國立圖書館藏漢文鈔本第 2753 號)

(即郭納爵)，梅高 (Joseph-Étienne D'almeida, 1611—1644) 立石」.(註一)

78. 丁先生傳略 利瑪竇於幾何原本序，稱:「至今世又復崛起一名士，爲竇所從學幾何之本師，曰丁先生，開廓此道，益多著述. 竇昔游西海，所過名邦，每遘顓門名家，輒言後世不可知，若今世以前，則丁先生之於幾何無兩也. 先生於此書覃精已久，旣爲之集解，又復推求續補凡二卷，與元書都爲十五卷」. 丁先生 (P. Christophus Clavius, 1537—1612) 以公元一五三八年生於 Bamberg, 以公元一五五五年入顯修會，由羅馬派至葡萄牙留學，回羅馬後，續修神學，并著數學教科書多種，聞名於世，并任教神學校 (Collegio Romano)，所著書由明季天主教士所齎來者今多數尙藏於北平北堂圖書館，計有:

Clavius Sphoera 1585.

Clavius, Epitome arithmeticae practicae, 1583, 1585

(註一) 李儼藏有此碑拓片，其文如下:

「……………………………………(上略) 極西修士郭崇仁梅高立石.

PREVRCPAE. SOCETATS. ESV

SCDLP. AÑO DNI. M. DC 44

極西 耶穌會脩士 於大明萬曆 丙辰入中國

建堂闡教廣 化黎民于兩 京十三歲萬

曆後二十三 載刊碑長安 以爲記.

趙國衛沐手書 長安□□鐫字」

1592, 1607。

此書利瑪竇李之藻共譯爲同文算指。

Clavius, Euclidis elementorum libri XV, 1574, 1589, 1591, 1603, 1607, 1612.

此書利瑪竇徐光啓共譯爲幾何原本。

Clavius, Gnomonices libri VIII, 1581,

Clavius Astrolabium, Rome, 1593,

Clavius, Geometrica practica, 1604,

Clavius, Fabrica et usus instrumenti ad horologirum, descriptionem peropportumm, 1586,

Clavius, In sphoeram Joannis de Sacrobosco Commentarius, 1585. 利瑪竇據以編撰乾坤體義,

Clavius, Trattato della figura isoperimetre,利瑪竇據以編撰圜容較義.

後之五種合刻爲丁氏數學論叢即:

Clavius, Opera mathematica. 5 Voll. Moguntiae 1612.

丁先生幷協助教皇格奇利第十三世治曆，時在公元一五八二年.

79. **明廷初議改曆**　元明以來，應用回回曆法，至明季已成弩末，故利瑪竇深感天文學修養不足，乃致書歐州耶穌會請派天

文家來華。其與利瑪竇先後來華者，有羅明堅，麥安東，石芳栖，郭居靜，蘇如漢，龍華民，羅如望，龐迪峨，費奇觀，王豐肅，林斐理，熊三拔，陽瑪諾，金尼閣，畢方濟，艾儒略，郭納爵諸人。而龍華民，龐迪峨，熊三拔，艾儒略并精通曆算，因徐李之薦，助修曆法。明史稱：「萬曆庚戌（三十八年，1610）十一月朔日食，曆官推算多謬，朝議將修改，明年五官正周子愚言大西洋歸化人龐迪峨，熊三拔等深明曆法 其所攜曆書，有中國載籍所未及者，當令譯上，以資採擇。禮部侍郎翁正春等，因請倣洪武初設回回曆之例，令（龐）迪峨等同測驗，從之」。明史記事本末稱：「萬曆四十一年（1613）李之藻奏上西洋天文學說十四事，又請亟開館局，繙譯西法」，萬曆四十四年（1616）禮部郎中徐如珂，侍郎沈㴶，給事中晏文輝，余懋孳交章議逐。徐有「處西人王豐肅議」見乾坤正義集卷二十九內徐念陽公集。沈有「參遠夷疏」見破邪集卷一內南宮署牘。野獲編稱：萬曆四十四年「得旨（王）豐肅等送廣東撫按，督令西歸，其龐迪峨等曉知曆法，禮部請與各官，推演七政，且係向化西來，亦令歸還本國」。時朝廷雖有放逐之議，而推行不力。且西洋曆法之精已深入人心，至崇禎朝又實行以西人助修曆法矣。

80 **崇禎曆書之編纂** 是時西教士繼續來華者尚有鄧玉函，湯若望，羅雅谷。

第二十一圖　王徵造象

第二十二圖　明季西人湯若望小像

(據格致彙編及 P. Kircho , China Monumentis, 1667)

鄧玉函,涵璞(Jean Terrenz, 1576—1630)瑞士國人,明天啓元年(1621)來華,在野與陝西王徵(1571—1644)共譯奇器圖說三卷。

湯若望,道味(Jean Adam Schall von Bell, 1591—1666)德國人,天啓二年(1622)來華。

羅雅谷,味韶(Jacques Rho, 1593—1638)依國人,天啓四年(1624)來華。

西洋新法曆書稱:崇禎二年(1629)五月初一日日食,禮部於四月二十九日揭三家預算日食。三家者:大統曆,回回曆,新法也。至期驗之,光啓推算爲合。至七月十四日以徐光啓督修曆法,并起用李之藻。徐舉龍華民,鄧玉函,湯若望,羅雅谷諸人,入局修曆。至崇禎四年(1631)正月第一次進曆書一套與六卷,曆表一套十八卷,是年八月第二次進曆書二十卷,并一摺,崇禎五年(1632)第三次進曆書三十卷,六年(1633)徐光啓(1562—1633)卒,以李天經(1579—1659)代之。七年(1634)七月第四次進曆書二十九卷并一架,十二月第五次進曆書三十二卷。前後五次所進,共一百三十七卷,內有一摺一架亦稱卷,是爲崇禎曆書。此項曆書隨時付刻。北平故宮博物院圖書館現存崇禎年刊崇禎曆書一百零三卷附八線表尙非全帙。此時亦有一派反對新法。明史卷三十一,稱:「是(崇禎七)年(1634)魏文魁上言曆官所推交食,節氣皆非是。於是命魏文魁入京測驗,立西洋為西局,文魁為東局.合大統,回回凡四家」又稱:「(崇禎)十六年(1643)乙丑朔日食,(西法)測又獨驗.八月詔西法果密,即改大統曆法,通行天下,未幾國變」.此期著作關於數學者,則:

熊三拔有簡平儀說一卷.

艾儒略有幾何要法四卷(1631).

鄧玉函有大測二卷,割圜八線表六卷,測天約說二卷,以上在崇禎四年(1631)第一次進呈崇禎曆書之內.

湯若望有渾天儀說五卷,共譯各圖八線表六卷,并藏法國巴黎國立圖書館.又籌算指一卷,在新法曆書中.

羅雅谷有:測量全義十卷,比例規解一卷,以上在崇禎四年(1631)第二次進呈崇禎曆書之內.又籌算一卷,在新法曆書中.

入清則曆法由湯若望繼續辦理,奉旨欽天監印信着湯若望掌管.順治二年(1645)修正崇禎曆書成新法曆書一百卷,後箸錄入四庫全書中.

81 李之藻,徐光啓,李天經 阮元疇人傳卷三十一,李之藻傳論曰:「西人書器之行於中土也,(李)之藻(?—1631)薦之於前,徐光啓(1562—1633),李天經(1579—1659)譯之於後.是三家者皆習於西人,亟欲明其術而惟恐失之者也.當是時大統之疏闊甚矣,數君子起而共正其失,其有功於授時布化之道,豈淺小哉」。

李之藻字振之又字我存號涼庵，仁和人。萬曆二十六年(1598)進士，官南京工部員外郎。嘗從利瑪竇游。共譯成渾蓋通憲圖說

第二十三圖　徐光啓遺像

二卷，萬曆三十五年(1607)刻於北京，又圜容較義一卷，萬曆三十六年(1608)譯成，同文算指前編二卷，通編八卷，別編一卷，萬曆四十一年(1613)譯成.徐光啓以李之藻通曉曆法，曾薦於朝.萬曆四十一年(1613)李之藻以南京太僕少卿奏上西洋天文學說十四事，又請亟開館局.崇禎二年(1629)詔與徐光啓同修新法，崇禎四年(1613)卒於官.

徐光啓字子先，上海人，萬曆二十五年(1597)舉人，又七年成進士，由庶吉士歷贊善.嘗從利瑪竇學天文推步.共譯成幾何原本前六卷，以萬曆三十五年(1607)譯成，又測量法義一卷，附測量異同，句股義一卷，并未題年月.天啓三年(1623)擢禮部右侍郎，崇禎二年(1629)因光啓請，開局修曆，應用西法，崇禎二年九月因勅諭徐光啓修曆法.至崇禎五年(1632)凡進呈曆書三次，將及百卷.崇禎六年(1633)光啓卒，以山東參政李天經繼之.據光啓子驥(1582—166)於文定公行實稱：尙有讀書算，九章算法藏於家.光啓孫爾默(1610—1669)於康熙癸卯(1663)則稱已佚.藏於家者尙有三校幾何原本，有萬曆辛亥(1611)以後光啓點竄手筆(註一).

李天經字仁常，一字性參，趙州吳橋定原鄉人.萬曆四十一年

(註一) 聖教雜誌第二十二年，第十一期(1933)，徐上海特刊，第61，87，88，93，94頁，引「文定公行實」，「徐氏宗譜」.

(1613)進士，歷任河南陝西藩臬，崇禎五年(1632)徐光啓薦修曆法，崇禎六年(1633)光啓病卒。李天經繼修曆法，進呈曆書二次，連前光啓所進者共一百三十七卷，內有一摺一架亦稱卷，稱爲崇禎曆書。時在崇禎七年(1634)，因於崇禎十一年(1638)陞光祿寺正卿又廕子壽祺入監讀書.明末以寇亂還籍.清順治元年(1644)詔求遺老之在籍者，李天經應召入見，未幾固辭致仕.順治十六年(1659)卒，年八十一(1579—1659).自著有渾天儀說四卷.(註一)

82. 新舊之爭 清初西教士，主持曆法，甚得朝廷信任，優禮有加.舊派羣起反對.自順治十四年(1657)迄康熙八年(1669)，中經十二年.是時來華西教士，除前述諸人外，尙有利類思，安文思，南懷仁，恩理格，閔明我，并於此時供職曆局.

利類思再可(Louis Buglio, 1606—1682)，Sicile人，崇禎十年(1637)來華.

安文思景明(Gabriel de Magalhaens, 1609—1677) Coïmbre人，順治元年(1640)來華.

南懷仁敦伯(Ferdinard Verbiest, 1623—1688)比國人，順治十六年(1659)來華.

(註一) 見康熙十二年(1673)吳橋縣志卷六，雍正十一年(1733)畿輔通志卷一百七十，明史，西洋新法算書.疇人傳稱又字長德.

恩理格性涵(Christian Herdtricht, 1624—1684),奥國人,順治十七年(1660)來華.

閔明我德先(Philippe-Marie Grimaldi, 1639—1712), Piémont人,康熙八年(1669)來華.

大清會典事例卷八百三十稱:「順治十四年(1657)議准回回科推算虛妄,革去不用,止存三科」,卽東局,西局,幷大統.順治十六年(1659)楊光先(1597—?)作闢邪論,反對天主教徒主持曆法,文見不得已上卷.至康熙三年(1664)南懷仁入京佐曆,(註一)是年因楊光先之訴八月初六日會審湯若望等一日,是年冬湯若望,南懷仁,利類思,安文思幷羈絏入獄.東華錄康熙五,稱:康熙四年(1665)三月因楊光先叩閽進摘謬論,具言湯若望新法十謬;又選擇論一篇,摘湯若望選擇之誤。部擬將湯若望,杜如預,楊宏量,李祖白,宋可成,宋發,朱光顯,劉有泰,凌遲處死;劉必遠,賈文郁,宋哲,李實,潘盡孝,(湯若望義子)斬立決。得旨湯,杜,楊免死.四月李祖白,宋可成,宋發,朱光顯,劉有泰,處斬,其餘流徒,又赦免.是役遣送廣東之西士凡二十五人.(註二)楊光先因知天文衙門一切事務.(註三)湯若望於康熙五年

(註一) 見徐日昇(寅公 Thomas Pereira, 1645—1708, 玻耳爾都嘉國人,康熙十一年,1672,來華,安多(平施, Antoine Thomas, 1644—1709, 比國人,康熙二十四年,1685, 來華)南先生行述,(1688)巴黎國立圖書館藏中文本 3033 號.

(註二) 見正教奉褒康熙九年條,及崇正必辯後附疏題.

(註三) 見不得已下卷,

(1666)卒去後，康熙七年(1668)以南懷仁治理曆法(註一)。是年十二月治理曆法南懷仁刻監副吳明烜推算曆日種種差誤；康熙八年(1669)二月，命大臣二十員赴觀象臺測驗。南懷仁所言逐款皆符，吳明烜所言逐款皆錯，得旨楊光先革職.(註二)因令西洋人治理時憲書法，并定漢監正用西洋人，名曰監修。(註三)康熙九年(1670)十二月部議奏准康熙四年間楊光先誣陷案內，遣送廣東之西士二十餘人內有通曉曆法者，起送來京。結果以恩理格，閔明我二人送京(註四).此役之後，清朝曆法卽由西人執掌，康熙十七年(1678)之康熙永年曆法三十三册，卽由南懷仁立法，閔明我訂(註五).新舊之爭之文獻則有：

楊光先，不得已二卷有民國十八年(1929)中社石印本。

利類思，不得已辯(1665)安文思，南懷仁訂，有一八四七年刊本.

南懷仁，曆法不得已辯一卷，巴黎國立圖書館藏，中文本，4990號.

南懷仁，妄占辯(1669)有粵東大原堂重梓本，巴黎國立圖書館藏，中文本，4998號.

南懷仁，妄擇辯巴黎國立圖書館藏，中文本，4994號.

(註一)　見正教奉褒康熙五年條，及南先生行述(1683).

(註二)　見東華錄「康熙八」，「康熙九」，及熙朝定案一至七新頁.

(註三)　見大清會典事例卷八百三十，及皇朝文獻通考卷八十三.

(註四)　見正教奉褒康熙九年，康熙十年條.

(註五)　見(日本宮內省)圖書寮漢籍善本書目卷三，第四十至四十一頁.

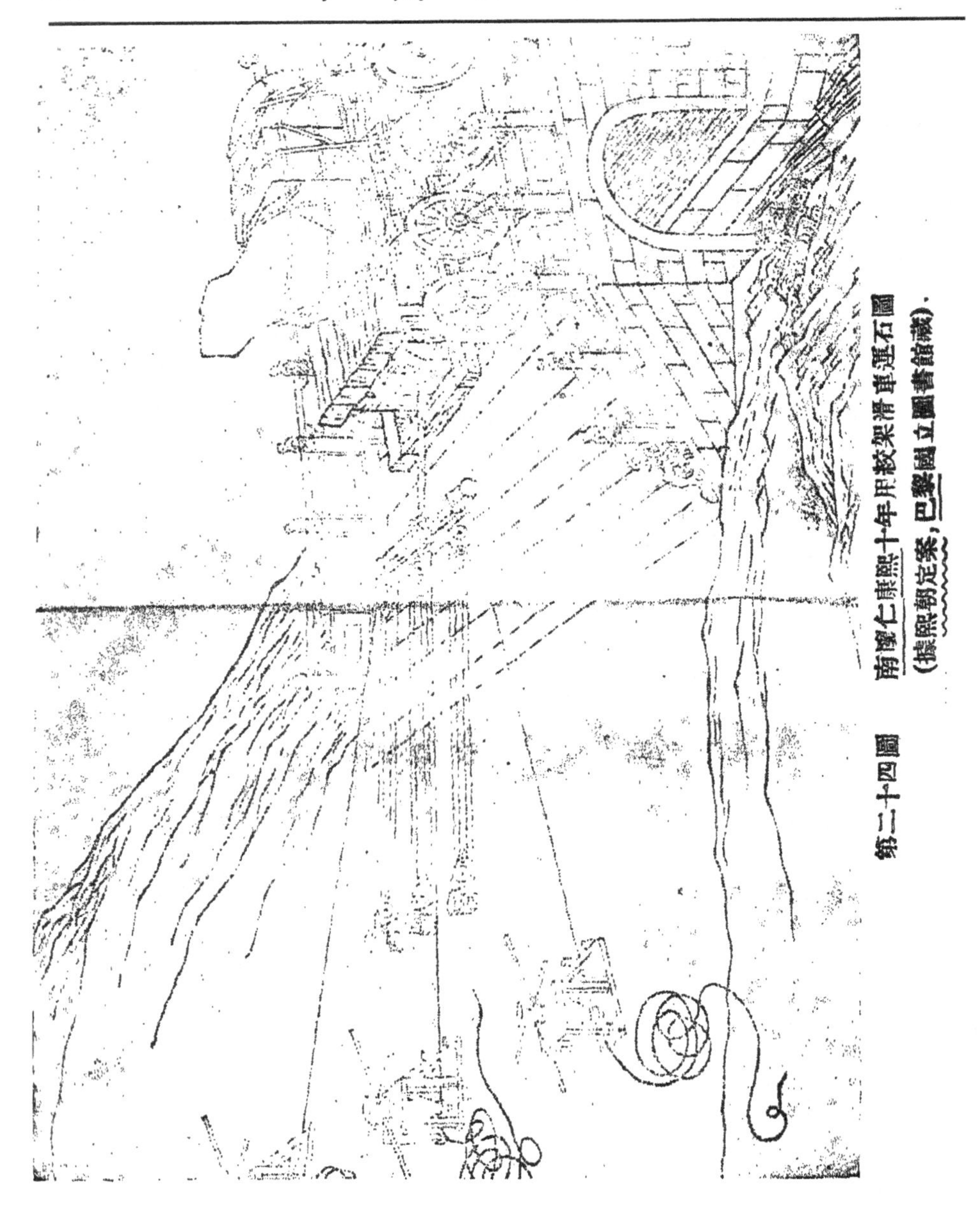

第二十四圖 南懷仁康熙十年用絞架滑車運石圖
(據熙朝定案,巴黎國立圖書館藏).

南懷仁,妄推吉凶辯巴黎國立圖書館藏,中文本,4997 號.

何世貞,崇正必辯前集四卷,後集三卷(1672),有利類思序,巴黎國立圖書館藏,中文本,5002 號.

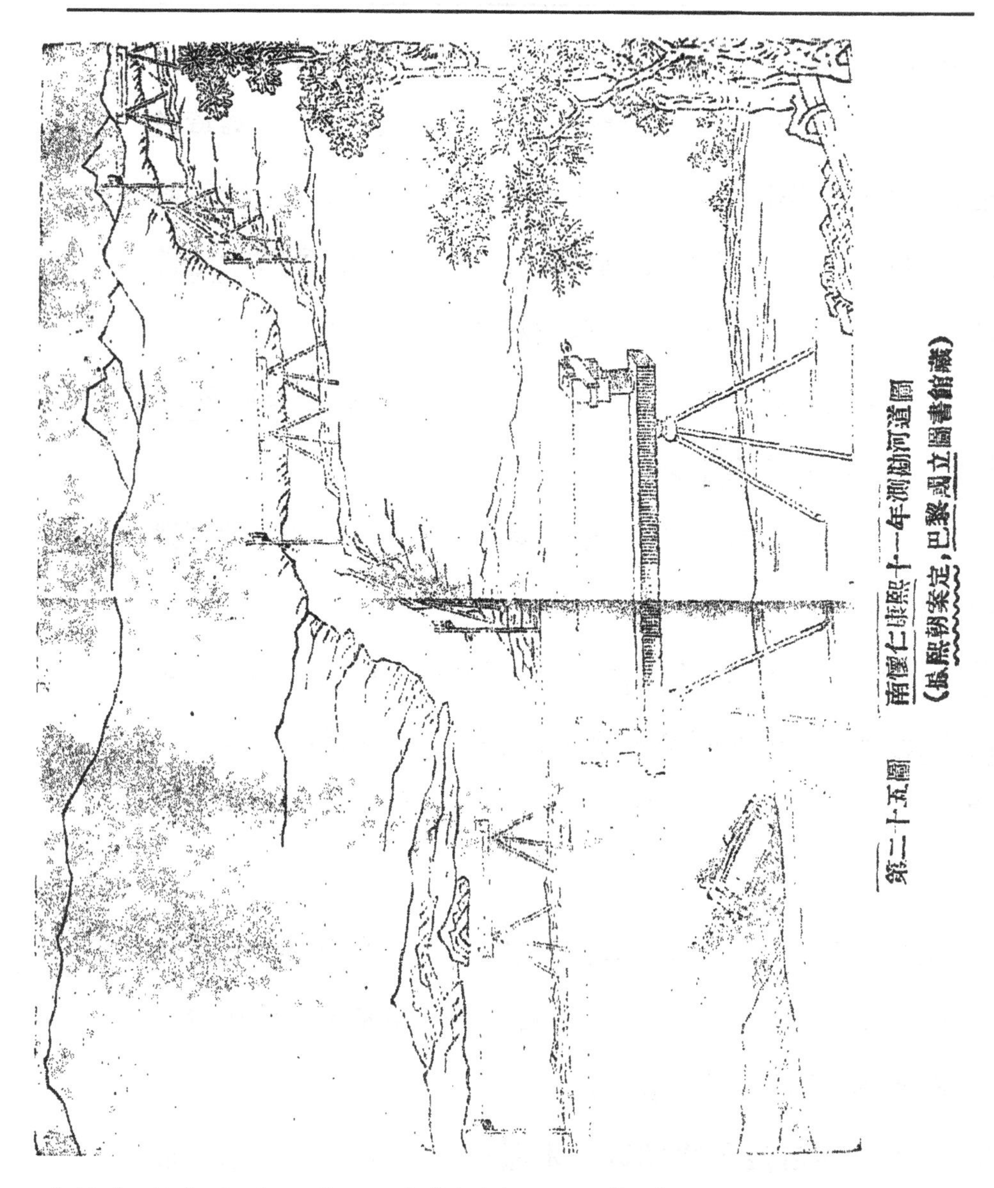

第二十五圖　南懷仁康熙十一年測勘河道圖
(見熙朝定案,巴黎國立圖書館藏)

南懷仁熙朝定案三卷,巴黎國立圖書館藏,中文本,1329,1330,1331號。

黃伯祿正教奉褒有一八八三年印本。

此期重要工作，當推南懷仁之製造新儀．會典事例卷八百三十稱:「康熙十二年(1673)新製儀器告成：一爲天體儀，一爲黃道經緯儀，一爲赤道經緯儀，一爲地平緯儀，一爲紀限儀，安設觀象臺上．舊儀移置臺下別室」．南懷仁幷精通滿文，曾將徐光啓利瑪竇共譯之幾何原本前六卷．譯成滿文云．(註一)

83. **比例對數表之輸入** 與南懷仁同時來華者，尙有穆尼閣，比例對數表實由彼輸入中國．

穆尼閣如德 (Jean-Nicolas Smogolenski, 1611—1656)，波蘭國人，順治三年(1646)來華．

穆尼閣來華後先到江南，於順治四年至順治八年間(1647-1651)到福建，順治十三年(1656)卒於肇慶．氏在江南以曆算術授方中通，薛鳳祚(?—1680)．其遺箸天學會通由薛鳳祚輯錄，全目如下:

正集: 正弦法原，中法四線，太陽太陰部，五星經緯部，交食法原交食表，中曆，日月，五星交食表，經星部，日食諸法異同，辯同異，比例對數表．

考驗部: 求黃赤道度及率總數，木星盈縮平定差步氣朔，步月離，步五星，曆法立成，五星立成域表，新法密率，太陽太陰日食部，五星經緯部，日月食原理，天步眞原，

(註九) 見 Pelliot, T'oung-Pao, 1928. p. 192.

附表，恆星性情部，緯星性情部，世界部，人命，西域曆。

致用部：　三角算法，律呂部，律呂，運氣精微，烝化遷流，中法

占驗部，水法，重學，火法，師學。

天學會通有康熙年刻本，題薛鳳祚撰，最早序文在順治五年(1648)．其爲四庫全書所收者，有：天步眞原一卷，稱爲薛鳳祚所譯西洋穆尼閣法，而守山閣叢書本則作三卷，題穆尼閣撰．四庫全書所收者又有：天學會通一卷，稱爲薛鳳祚撰，是書本穆尼閣天步眞原而作。

天學會通致用部：三角算法論及球面三角法，於：

I. 1　$\cos c=\cos a\cos b$.

2.　$\cos c=\cot A\cot B$.

3.　$\cos A=\cos a\sin B$.

4.　$\cos A=\tan b\cot c$.

5.　$\sin b=\sin c\sin B$.

6.　$\sin b=\tan a\cot A$.

II.　$\frac{\sin a}{\sin A}=\frac{\text{in } b}{\sin B}=\frac{\sin c}{\sin C}$,

III.　$\cos a=\cos b\cos c+\sin b\sin c\cos A$.

外，又有：

I　1　$\tan\frac{1}{2}(A+B)=\frac{\cos\frac{1}{2}(a-b)}{\cos\frac{1}{2}(a+b)}\cdot\cot\frac{1}{2}C$.

$$2.\quad \tan\frac{1}{2}(A-B)=\frac{\sin\frac{1}{2}(a-b)}{\sin\frac{1}{2}(a+b)}\cdot\cot\frac{1}{2}C.$$

$$3.\quad \tan\frac{1}{2}(a+b)=\frac{\cos\frac{1}{2}(A-B)}{\cos\frac{1}{2}(A+B)}\cdot\tan\frac{1}{2}c.$$

$$4.\quad \tan\frac{1}{2}(a-b)=\frac{\sin\frac{1}{2}(A-B)}{\sin\frac{1}{2}(A+B)}\tan\frac{1}{2}c.$$ (訥白爾)

$$\text{II.}\quad 1.\quad \sin\frac{A}{2}=\sqrt{\frac{\sin(s-b)\sin(s-c)}{\sin b\sin c}},$$

$$2.\quad \sin\frac{B}{2}=\sqrt{\frac{\sin(s-a)\sin(s-c)}{\sin a\sin c}},$$

$$3.\quad \sin\frac{C}{2}=\sqrt{\frac{\sin(s-a)\sin(s-c)}{\sin a\sin b}},$$

$$\text{III.}\quad \cos\frac{a}{2}=\sqrt{\frac{\sin(B-E)\sin(C-E)}{\sin B\sin C}},$$

而 $2E=A+B+C-\pi.$

原書作圖草率，又無幾何證法，故以梅文鼎(1633—1721)之善解西法，尙不能了解．而歎爲「殘碑斷碣，弧三角遂成祕密藏」(註一)．

曆學會通內有比例四線新表一卷，題薛鳳祚，穆尼閣共譯．天

(註一) 見梅文鼎勿菴曆算書目．

步眞原正集內有比例對數表十二卷，專論對數．比例對數表(1653)序，稱：

「穆(尼閣)先生出，而改爲對數，今有對數表以省乘除，而況開方，立方，三四方等法，皆比原法工力，十省六七，且無舛錯之患，此實爲穆先生改曆立法第一功」．

穆尼閣實爲輸入對數至中國之第一人(註一)．

84 清聖祖研治西算 曆法新舊爭論之後，清聖祖自行研治西洋算法，初由南懷仁將幾何原本譯成滿文．康熙二十四年(1685)法皇路易第十四，對中國採取積極傳道方針，用以對抗葡萄牙，而擴張法國勢力．特遣塔沙爾，洪若翰，白晉，李明，張誠，劉應等六人來華．

洪若翰，時登 (Jean de Fontaney, 1643—1710) 法國人，康熙二十六年(1687)來華．

白晉，明遠 (Joachim Bouvet, 1656—1730) 法國人，康熙二十六年(1687)來華．

李明，復初 (Louis Le Comte, 1655—1728) 法國人，康熙二十六年(1687)來華，

張誠，實齋 (Jean-François Gerbillon, 1654-1707) 法國人，康熙

(註一) 見 Louis Vanhée, Première mention des Logarithmes en Chine, T'oung-Pao.

二十六年(1687)來華.

劉應,聲聞(Claude de Visdelou, 1656—1737)法國人,康熙二十六年(1687)來華.

就中除塔沙爾(Guy Tachard)一人,留暹羅外,餘并取道來華,時在康熙二十六年(1687).洪若翰等五人,并通算學,以南懷仁之斡旋,得准入京,次年(1688)到達北京,南懷仁已卒去。乃由徐日昇帶領引見.白晉,張誠以善算供奉內廷.正教奉褒康熙二十八年條稱:「康熙二十八年(1689)十二月二十五日上召徐日昇,張誠,白進(卽白晉),安多等至內廷。諭以自後每日輪班至養心殿,以清語授量法等西學.上萬幾之暇,專心學問,好量法,測算,天文,形性,格致諸學.自是卽或臨幸暢春園.〔在西直門外十二里〕,及巡行省方,必諭張誠等隨行.或每日,或間日授講西學,并諭日進內廷將授講之學,翻譯清文成帙,上派精通清文二員襄助繕稿,并派善書二員謄寫.張誠等每住宿暢春園,…張誠等講授數年,上每勞之」.張誠報告亦稱:「每朝四時至內廷侍上,直至日沒時還,不准歸寓.每日午前二時間,及午後二時間,在帝側講歐幾里幾何學,或理學,及天文學等,并曆法砲術之實地演習的說明.歸寓後再準備明日之工作,直至深更入寢,時以爲常.」(註一)

1. Elements de Géométrie tirés d'Euclide et d'Archimédc.

康熙三十二年(1693)聖祖使白晉回歐,并贈法皇路易第十四圖書四十九册,歸途與巴多明同來,同時善算教士來華者,尙有杜德美一人.

巴多明,克安(Dominique Parrenin, 1665-1741),Besançon人,康熙三十七年(1698)來華。

杜德美,嘉平(Pierre Jartoux, 1668—1720),Evreux人,康熙四十年(1701)來華。

巴多明亦善科學.康熙四十七年(1708)後,杜德美與張誠等共同從事測地,而割圜術中之杜術,卽出於杜德美.是時法國教士之善算,而在淸聖祖左右及北京者,計有白晉,張誠,徐日昇,安多,巴多明,杜德美諸人,其西方算學書,譯成中文,及編爲講義,後由淸廷加以潤色者,計有:

(一)滿文幾何原本七卷,今藏故宮博物院圖書館,與數理精蘊之十二卷體例相符,卷七附圖,卽數理精蘊本幾何原本卷十二,第十八之「畫地理圖」,二書分卷及條款,又有出入之處(註一)。

(二)幾何原本七卷,附算法(原本)一卷,書前有序稱:幾何原本[數原之謂,利瑪竇所譯,因文法不明,後先難解,故另譯].據文貞公(李光地)年譜稱:「癸未(1703)二月公蒙賜幾何原本,

(註一) 見劉玉衡譯「張誠與尼布楚條約」,國聞週報第十三卷,十一期,民國二十五年三月二十三日.

算法原本二書」，則此二書成，正康熙癸未(1703)前也。又有

(三)幾何原本七卷一種無序，其次，則有

(四)幾何原本七卷一種，爲孔繼涵(1739—1789)舊藏本，今藏北平圖書館。

以上三種七卷本幾何原本，文句互有異同。即以滿漢文幾何原本七卷，與數理精蘊本幾何原本十二卷本校，亦有互異之處，如滿漢文本之第六卷，即數理精蘊本之第六卷至第十卷。然數理精蘊本第六卷至第十卷爲六十四條，而滿漢文本之第六卷，則爲九十條。又滿文本第一卷卷首序論，亦不載數理精蘊本中，蓋其譯文幾經校勘也。其同爲孔繼涵藏本者，尙有：

(五)測量高遠儀器用法。

(六)比例規解。

(七)八線表根，以上各一册，又有：

(八)句股相表之法一册。

(九)借根方算法節要二卷二册，按孔繼涵藏本，尙有：

(十)算法纂要總綱十五卷，曾引及算法原本及借根方算法中第十節，則

(十一)借根方算法原書爲三卷矣。其

(十二)借根方算法八卷一種，不箸撰人姓氏，今藏故宮博物院圖書館中，此館中又有：

(十三)算法纂要總綱二卷,數表一卷,數表用法一卷,不箸撰人姓名,清代寫本,又

(十四)算法纂要總綱二卷,不箸撰人姓名,袖珍寫本二册.李儼藏.

(十五)算法纂要總綱十五卷,節本一種,爲汪喜孫(1786-1849)舊藏書.當時所流傳者,復有

(十六)西鏡錄一書,梅文鼎(1633-1721),李銳(1768-1817)曾及見之,以上諸書,幷在律曆淵源出版(1723)之前.

按白晉曾以幾何原本(Elementa Geometriae),譯成滿漢文,用以教授清聖祖,而張誠亦以

1. Elements de Géométrie tirés d'Euclide et d'Archimède,

2. Géometrie practique et théorique, tirée en partie du P. Pardies.

譯成漢滿文,前書於康熙二十八年(1689)由聖祖改編,後書則於康熙二十九年(1690)在北京出版(註一).康熙五十年(1711)聖祖與直隸巡撫趙宏燮論算數,言及阿爾朱巴爾,此卽當日輸入中國之借根法,數理精蘊作阿爾熱巴拉,梅瑴成赤水遺珍作阿爾熱八達也.康熙五十二年(1713)聖祖始編律呂算法等書,次年

(註一) Louis,Pfister, Notices Biographiques et Bibliographiques, p.449 引Halde, Description de la Chine, Tome IV, Paris, 1735. p. 245 et p. 228

(1714)始擬以律呂、曆法,算法三書共爲一部,名曰律曆淵源(註一).數理精蘊等書編輯之始,蓋就西洋教士所授講義加以修正而成.今北平故宮博物院圖書館懋勤殿,洪五九二,16號有幾何原本十二卷四册無序,附算法(原本)二卷無序者一種,疑爲數理精蘊之底本.因此書冗長之句,在數理精蘊已省去矣.是時參與編纂律曆淵源者有何國宗,梅瑴成(1681—1763),而明安圖,顧陳垿(1678—1747)亦在考訂之列.聖祖以康熙六十一年(1722)卒去,是年六月,數理精蘊,曆象考成,皆告成.明年即雍正元年(1723)冬十月,律曆淵源一百卷刻成,分三部;一曰,曆象考成,一曰,律呂正義;一曰,數理精蘊.(註二) 至此時期,西洋算術,代數,及割圓術中解析法,幷連帶輸入.明清以來,西算輸入,至此乃告一段落.

85. 清初算學制度　清聖祖於自行研治西洋算法之餘,幷注重算學教育.清文獻通考稱:「康熙九年(1670)諭:天文關係重大,必選擇得人,令其專心習學,方能通曉精微.可選取官學生,與漢天文生一同學習.有精通者,俟欽天監員缺,考取補用.尋禮部議於官學生內,每旗選取十名,交欽天監分科學習,有精通者,俟滿漢博士缺補用,從之.」至康熙五十二年(1713)始正

(註一) 見東華錄「康熙八九」,東華續錄「乾隆十四」,及東華錄「康熙九四」; 東華續錄「乾隆十四」.

(註二) 見東華錄「雍正三」.

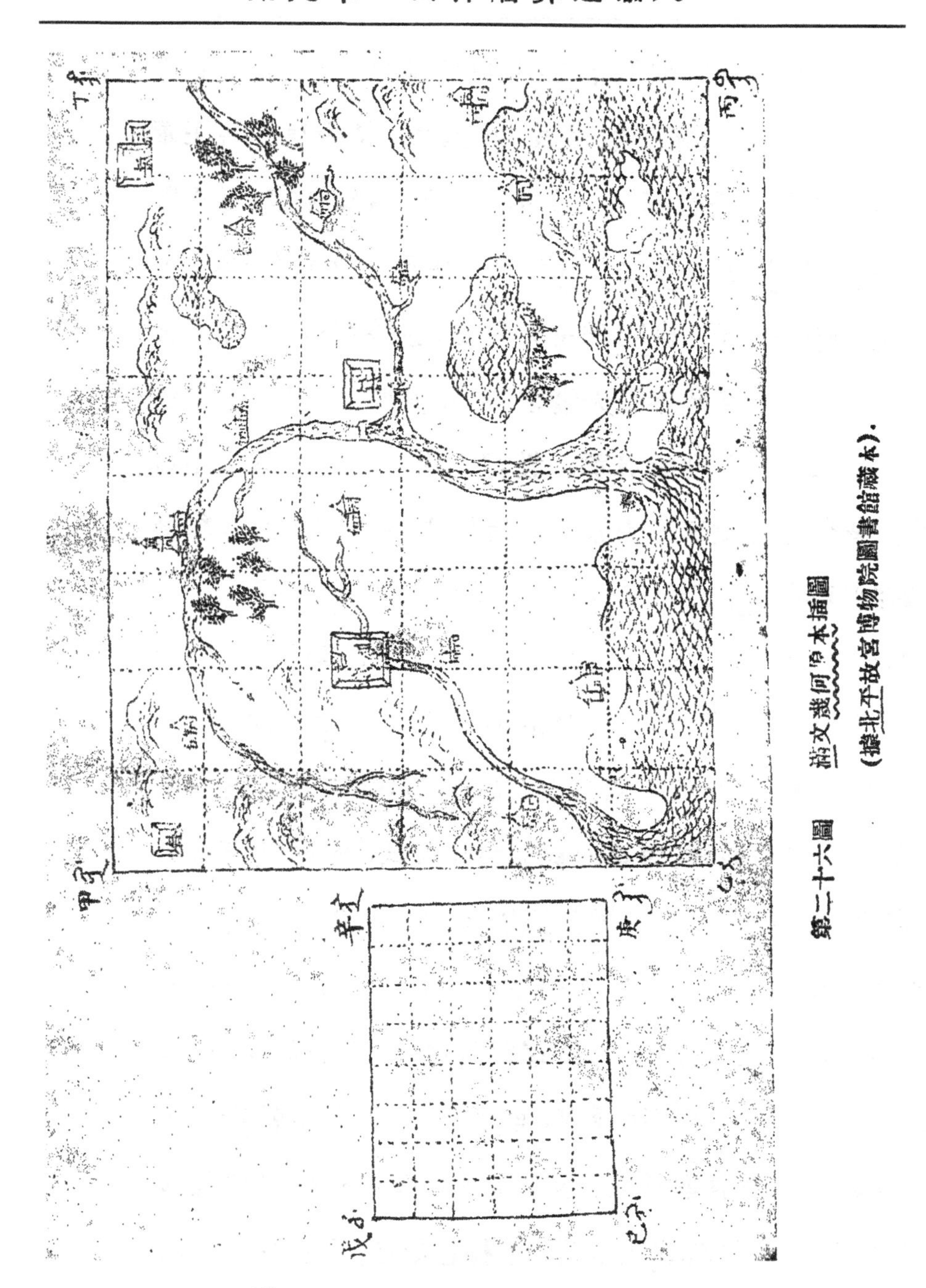

第二十六圖　滿文幾何原本插圖

(據北平故宮博物院圖書館藏本).

式設立算學館.會典事例卷八百二十九,「國子監,算學」條,稱:

「雍正三年(1725)奏准康熙五十二年(1713)設算學館於暢春園之蒙養齋。簡大臣官員精於數學者，司其事，特命皇子親王董之。選八旗世家子弟學習算法。又簡滿漢大臣，翰林官，纂修數理精蘊，(曆象考成)，及律呂正義諸書，至雍正元年(1723)告成，御製序文鐫版頒行。自明季司天失職，過差罕稽，至此而推步測驗，罔不協應。際此理數大備之時，正當淵源傳授，垂諸億萬斯年，應於八旗官學增設算學。教習十六人，教授官學生算法，每旗官學資質明敏者三十餘人。定以未時起，申時止，學習算法。」其制度則嘉慶二十三年(1818)續修大清會典卷六十一稱:「算學:管理大臣，滿洲一人，教習漢二人，掌教算法。(額設算學生，滿洲十二人，蒙古六人，月給銀一兩六錢;漢軍六人，月給銀一兩;漢六人，月給銀一兩五錢。凡線，面，體三部各限一年通曉。七政共限二年通曉。每季小試，歲終大試，會同欽天監考試。五年期滿。管算學大臣，會同欽天監考取。凡滿洲，蒙古，漢軍充補各旗天文生。漢人若舉人引見，以博士用，貢監生童，亦以天文生補用。其通習經史者，照官學生例，俟考取監生時，咨送國子監，一例考驗，文理明通者，卽爲監生。)」至乾隆三年(1738)停止教授八旗官學算法，專設算學:清初算學制度在當日雖無多貢獻，其制度迄清之中葉，尙未全廢，道光三年(1823)季拱辰任欽天監正，尙兼管國子監算學館，卽其例也。

86. **清初學者研治西算**　清初以風氣所趨，國內學者，亦有精治西算者。其最著者爲黄宗羲(1610—1695)，王錫闡(1628—1682)，梅文鼎(1673—1721)諸人。在梅氏之前後者，則

方中通於順治十八年(1661)始作數度衍二十四卷附一卷，有康熙年胡氏繼聲堂刻本。

李子金於康熙十五年(1676)著算法通義五卷，其後續成幾何易簡集四卷(1679)，及天弧象限表二卷(1683)。

杜知耕於康熙二十年(1681)著數學鑰六卷，有康熙二十年(1681)柘城杜氏式好堂刻本。其後續成幾何論約七卷(1700)，有康熙庚辰(1700)刻本。

年希堯有測算刀圭三卷(1718)，有康熙戊戌(1718)自刻本，計：對數廣運一卷，對數表一卷，三角法摘要一卷，其後續成面體比例便覽一卷。

李長茂有算法說詳九卷(1659)，有康熙元年(1662)刻本。

陳厚耀(1648—1722)有續增新法比例四十卷。

毛宗旦有九章蠡測十卷，句股蠡測一卷。

陳訏(1650—1732)有句股述二卷(1683)，句股引蒙十卷，有康熙六十一年(1722)刻本。

屠文漪有九章錄要十二卷。

何夢瑤有算迪八卷。

陳鶴齡有算法正宗四卷(1756)。

江永(1681—1762)有數學八卷。

莊亨陽(1686—1746)有莊氏算學八卷。

王元啓(1714—1786)有句股衍，角度衍，九章雜論。

談泰有明算津梁四卷，天元釋例四卷，平方立方表六卷，周徑說一卷，疇人傳三卷。

程錄有西洋算法大全四卷(1733 年刻)。

譚文有數學尋源十卷(1750)。

而當日官書所收者，則雍正年古今圖書集成曆象彙編，曆法典收有：

周髀算經　數術記遺　謝察微算經[內大數]。

夢溪筆談[內算法]　算法統宗　比例規解　幾何要法　等七種。乾隆癸巳(1773)開四庫全書館，四庫全書天文算法類算書之屬，則於九章算術九卷迄弧矢算術一卷，後收有明末清初算書如後：

(一)同文算指前編二卷，通編八卷。

(二)幾何原本六卷。

(三)數理精蘊五十三卷。

(四)杜知耕幾何論約七卷。

(五)杜知耕數學鑰六卷。

(六)方中通數度衍二十四卷,附一卷.

(七)陳訏句股引蒙五卷。

(八)黃百家句股矩測解原二卷。

(九)陳世仁(1676—1722)少廣補遺一卷.

(十)莊亨陽莊氏算學八卷。

(十一)屠文漪九章錄要十二卷,此期著作十九稗販西說,鮮有發明.

87. 西洋輸入算法舉要　西洋輸入算法,在明末清初有筆算、籌算、幾何學、三角術、三角函數表、對數、代數學、割圓術等.

(一)筆算　同文算指前編(1613—14)卷上,稱:「茲以書代珠,始於一,究於九,隨其所得,而書識之」,是為西洋筆算輸入中國之始.除法及開方,并用帆船法(galley method),如同文算指前編卷上,除法第五,$1832487 \div 469. = 3907\frac{404}{469}$,列式如下:

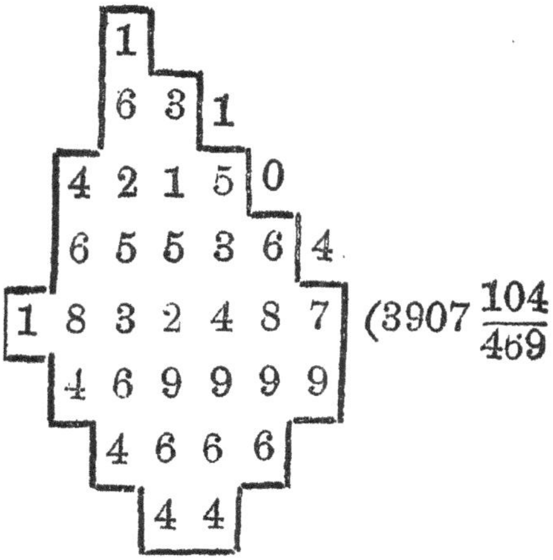

```
    1
    6 3 1
  4 2 1 5 0
  6 5 5 3 6 4
1 8 3 2 4 8 7  (3907 104/469
  4 6 9 9 9 9
    4 6 6 6
      4 4
```

是稱帆船法，以其形似帆船也。十六世紀以前，歐洲最通行之法也。其計算次序如下：

(1)

```
1 8 3 2 4 8 7
  4 6 9
```

(2)

```
  6
1 8 3 2 4 8 7 (3
  4 6 9
```

(3)

```
  4
  6 5
1 8 3 2 4 8 7 (3
  4 6 9
```

(4)

```
  4 2
  6 5 5
1 8 3 2 4 8 7 (3
  4 6 9
```

同理：

(5)

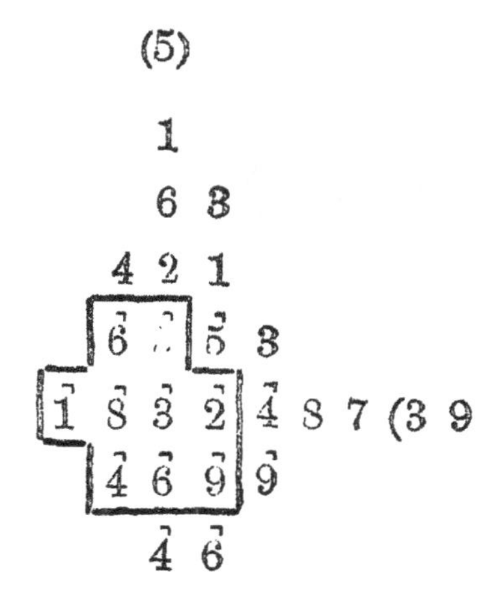

(6)

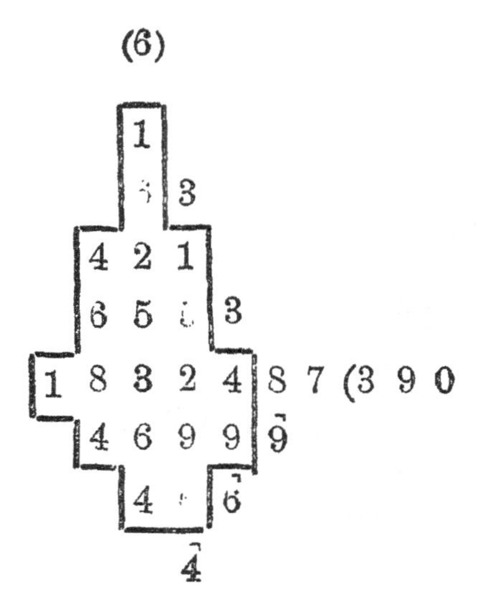

(7)

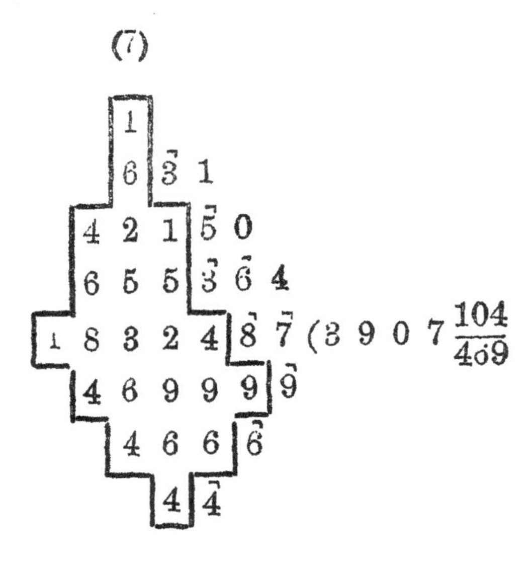

即 18324 7÷469＝3907 餘 104 也。

同文算指通編卷六，開平方法第十二，$\sqrt{456789012}=213\ 2$ 餘 26628，列式如下：

2
1 3 6
2 1 8 6
3 0 5 2 7 2
1 5 1 9 7 1 3 8
4 5 6 7 8 9 0 1 2 (2 1 3 7 2
2 4 1 2 3 6 7 4 2
4 4 2 2 7
4

是亦帆船法 (galley method) 也，其計算次序如下：

(1)

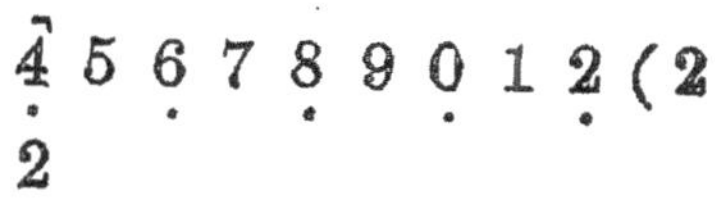

4 5 6 7 8 9 0 1 2 (2
2

(2)

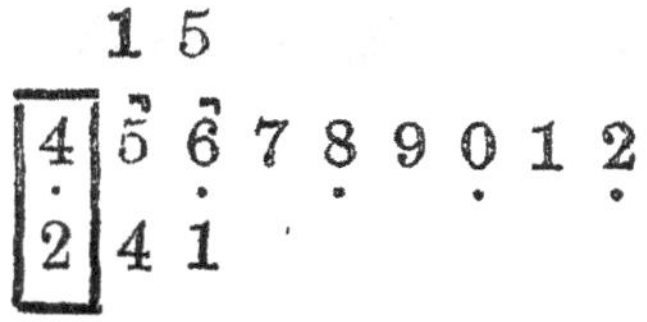

1 5
4 5 6 7 8 9 0 1 2
2 4 1

(3)

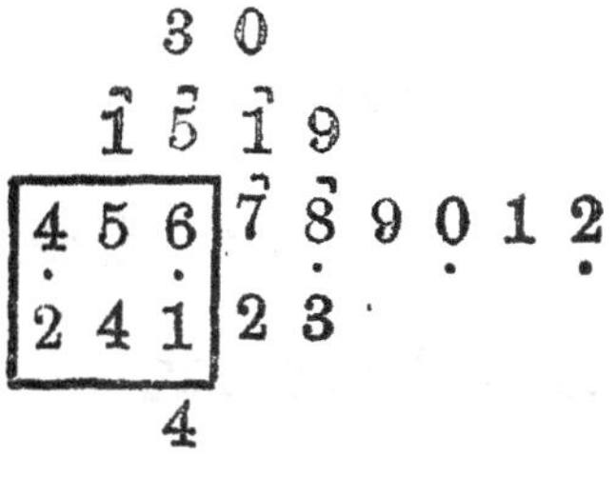

3 0
1 5 1 9
4 5 6 7 8 9 0 1 2
2 4 1 2 3
4

(4)

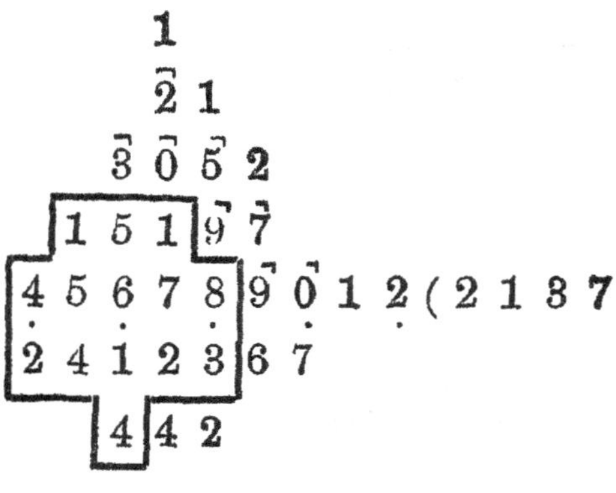

1
2 1
3 0 5 2
1 5 1 9 7
4 5 6 7 8 9 0 1 2 (2 1 3 7
2 4 1 2 3 6 7
4 4 2

(5)

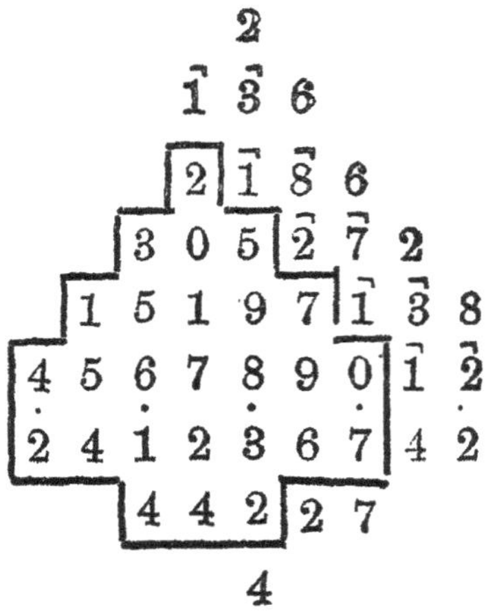

$$
\begin{array}{ccccccccc}
 & & & & 2 & & & & \\
 & & & \bar{1} & \bar{3} & 6 & & & \\
 & & & 2 & \bar{1} & \bar{8} & 6 & & \\
 & & 3 & 0 & 5 & \bar{2} & \bar{7} & 2 & \\
 & 1 & 5 & 1 & 9 & 7 & \bar{1} & \bar{3} & 8 \\
4 & 5 & 6 & 7 & 8 & 9 & 0 & \bar{1} & \bar{2} \\
\cdot & & \cdot & & \cdot & & \cdot & & \cdot \\
2 & 4 & 1 & 2 & 3 & 6 & 7 & 4 & 2 \\
 & & 4 & 4 & 2 & 2 & 7 & & \\
 & & & & 4 & & & &
\end{array}
$$

(21372 卽 $\sqrt{456789012}$ $=21372$ 餘 26628 也。

同文算指通編卷六，開平方奇零法第十三，謂：

$$\sqrt{a^2+r}=a+\frac{r}{2a}, \text{ 或 } \sqrt{a^2+r}=a+\frac{r}{2a+1}$$

由此二式所得之根，或太大，或太少，令太大之根爲 x，太少之根爲 y；而所大之值爲 s，所少之值爲 t，則可以下之二式

$$\sqrt{a^2+r}=x-\frac{s}{2x},$$

或

$$\sqrt{a^2+r}=y+\frac{t}{t+y},$$

遞求得較密之平方根。

例如 $\sqrt{20}=4\frac{5473}{11592}$.

先令 $\sqrt{20}=4\frac{1}{2}$，而 $\left(4\frac{1}{2}\right)^2=20\frac{1}{4}>20$；

$$\sqrt{a_1^2+r_1}=x_1=4\frac{1}{2}-\frac{\frac{1}{4}}{2\left(4\frac{1}{2}\right)}=4\frac{17}{36},$$

而 $$\left(4\frac{17}{36}\right)^2=20\frac{1}{1296}>20$$

$$\sqrt{a_2^2+r_2}=x_2=4\frac{17}{36}-\frac{\frac{1}{1296}}{2\left(4\frac{17}{36}\right)}=4\frac{5473}{11592},$$

而 $$\left(4\frac{5473}{11592}\right)^2=20\frac{1}{134374464}\doteq 20$$

故 $$\sqrt{20}=4\frac{5473}{11592}.$$

至算法纂要總綱及數理精蘊 (1723) 論除法，及開方，則與前稍異，如：算法纂要總綱「第五除法」，$13873\div 256=54\frac{49}{256}$，列式為：

```
        5 4
    2 5 6
  1 3 8 7 3
  1 2 8 0
    1 0 7 3
    1 0 2 4
        4 9
```

又算法纂要總綱「第十一開平方法」，$\sqrt{682276}=816$. 列式為：

```
              8   2   6
           ___________
          6 8 2 2 7 6
          6 4
1 6 2 |    4 2 2
           3 2 4
1 6 4 6 |    9 8 7 6
             9 8 7 6
             _______
             0 0 0 0
```

數理精蘊卷二十三，$\sqrt[3]{14734}=24.51$ 餘 9.860149，列式爲：

```
                          2       4       .5       1
                        1 4 7 3 4.0 0 0 0 0 0
                          8
1 4 5 6               | 0 6 7 3 4
                          5 8 2 4
1 7 6 4 2 5             | 0 9 1 0 0 0 0
                              8 8 2 1 2 5
1 8 0 1 4 8 5 1           | 0 2 7 8 7 5 0 0 0
                                1 8 0 1 4 8 5 1
                                _______________
                                0 9 8 6 0 1 4 9
```

(二)籌算　明末清初輸入之籌算，實導源於印度亞拉伯之寫算，以爲訥白爾(1617)所撰成，因稱爲訥白爾籌(Napier's Bond)，明程大位於算法統宗(1592)卷十三歌云：「寫算鋪地錦爲奇，不用算盤數可知」是也，此術十三四紀流行於亞拉伯，并及於歐洲，十六世紀流行於印度，印度算家Gaṇeśa於一五九五年箸書中，記 135×12 之寫乘式，如

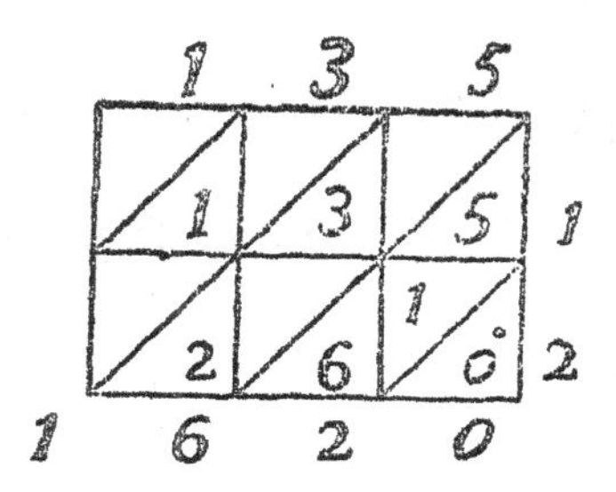

與算法統宗 (1592) 所記

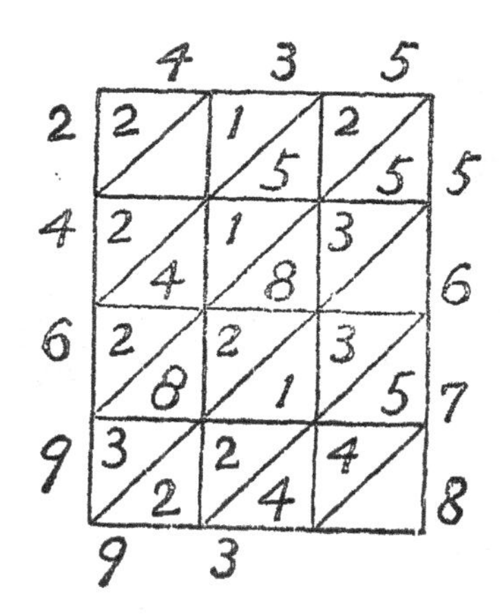

相同,疑并傳自亞剌伯.至西洋新法曆書 (1643) 中有籌算一卷,題羅雅谷 (1593—1638) 撰,湯若望 (1591—1666) 訂,又籌算指一卷,題湯若望撰.所謂籌算,即訥白爾籌.此說輸入中國後,學界多樂用之.清梅文鼎 (1633—1721),戴震 (1724—1777) 并引述其說.

(三)幾何學,三角術,及三角函數表 利瑪竇 (1552—1610) 於萬曆間 (1603—1607) 與徐光啓 (1562—1633) 共譯幾何原本前六卷.徐光啓又與羅雅谷 (1593—1638) 共譯測量全義十卷 (1631),於平面三角術引有:

$$\text{I.}\quad \frac{a}{\sin A}=\frac{b}{\sin B}=\frac{c}{\sin C},$$

$$\text{II.}\quad c^2=a^2+b^2-2ab\cos C$$

$$\text{III.}\quad \frac{a+b}{a-b}=\frac{\tan\frac{1}{2}(A+B)}{\tan\frac{1}{2}(A-B)}$$

及

$$\sin\frac{a}{2}=\sqrt{\frac{(s-b)(s-c)}{bc}};\quad \cos\frac{a}{2}=\sqrt{\frac{s(s-a)}{bc}};$$

$$\tan\frac{a}{2}=\sqrt{\frac{(s-b)(s-c)}{s(s-a)}}$$

等公式,於球面三角術引有:

$$\text{I.}\quad \cos c=\cos a\cos b$$

交互相求三十式,及

$$\text{II.}\quad \frac{\sin a}{\sin A}=\frac{\sin b}{\sin B}=\frac{\sin c}{\sin C}.$$

$$\text{III.}\quad \cos a=\cos b\cos c+\sin b\sin c\cos A.$$

等公式，入清薛鳳祚(?—1680)與穆尼閣(1611—1656)共譯天學會通等書，引述若干球面三角術新公式。而三角函數表亦於明季輸入。測量全義卷三之內，有測圜八線小表，爲正弦，切線，割線，及其餘線之函數表，小數四位，每十五分有數，如附表(1)。

度	分	正弦 (sin)	切線 (tan)	割線 (sec)
0°	0′	——	——	——
	15′	.0043	.0043	1.0000
	30′	.0087	.0087	1.0000
	45′	.0130	.0130	1.0001
1°	0′	.0174	.0174	1.0001
	15′	.0218	.0218	1.0002
	30′	.0261	.0262	1.0003
	45′	.0305	.0305	1.0005
2°	0′	.0349	.0349	1.0006
	15′	.0392	.0393	1.0007
	30′	.0436	.0437	1.0009
	45′	.0480	.0480	1.0011
3°	0′	.0523	.0524	1.0013
	15′	.0567	.0568	1.0016
	30′	.0610	.0612	1.0018
	45′	.0654	.0655	1.0021
4°	0′	.0697	.0699	1.0024
	15′	.0741	.0743	1.0027
	30′	.0784	.0787	1.0030
	45′	.0828	.0831	1.0034
5°	0′	.0871	.0875	1.0038

(1)

而崇禎曆書中，崇禎四年(1631)呈進之割圜八線表六卷，小數五位，每分有數，秒以下以比例得之。其次序：先正弦線，次正切線，次正割線，次餘弦，次餘切線，次餘割線，如附表(2).

0°	正弦 (sin)	正切線 (tan)	正割線 (sec)	餘弦 (cos)	餘切線 (cot)	餘割線 (csc)	′
0′	.00000	.00000	1.00000	1.00000	0000.00000	0000.00000	60′
1′	.00029	.00029	1.00000	.99999	3437.74667	3437.74682	59′
2′	.00058	.00058	1.00000	.99999	1718.87319	1718.87348	58′
3′	.00087	.00087	1.00000	.99999	1145.91530	1145.91574	57′
4′	.00116	.00116	1.00000	.99999	859.43630	859.43689	56′
5′	.00145	.00145	1.00000	.99999	687.54887	687.54960	55′
6′	.00175	.00175	1.00000	.99999	572.95721	572.95809	54′
7′	.00204	.00204	1.00000	.99999	491.10600	491.10702	53′
8′	.00233	.00233	1.00000	.99999	429.71757	429.71873	52′
9′	.00262	.00262	1.00000	.99999	381.97099	381.97230	51′
10′	.00291	.00291	1.00000	.99999	343.77371	343.77516	50′
11′	.00320	.00320	1.00001	.99999	312.52137	312.52297	49′
12′	.00349	.00349	1.00001	.99999	286.47773	286.47948	48′
13′	.00378	.00378	1.00001	.99999	264.44080	264.44269	47′
14′	.00407	.00407	1.00001	.99999	245.55198	245.55402	46′
15′	.00436	.00436	1.00001	.99999	229.18166	229.18385	45′
16′	.00465	.00465	1.00001	.99999	214.85762	214.85995	44′
17′	.00494	.00494	1.00001	.99999	202.21875	202.22122	43′
18′	.00524	.00524	1.00001	.99999	190.98419	190.98680	42′
19′	.00553	.00553	1.00002	.99998	180.93220	180.93496	41′
20′	.00582	.00582	1.00002	.99998	171.88540	171.88831	40′
21′	.00611	.00611	1.00002	.99998	163.70019	163.70325	39′
22′	.00640	.00640	1.00002	.99998	156.25908	156.26228	38′
23′	.00669	.00669	1.00002	.99998	149.46502	149.46837	37′
24′	.00698	.00698	1.00002	.99998	143.23712	143.24061	36′
25′	.00727	.00727	1.00003	.99997	137.50745	137.51108	35′
26′	.00756	.00756	1.00003	.99997	133.21851	133.22229	34′
27′	.00785	.00785	1.00003	.99997	127.32134	127.32526	33′
28′	.00815	.00815	1.00003	.99997	122.77396	122.77803	32′
29′	.00844	.00844	1.00003	.99996	118.54018	118.54440	31′
30′	.00873	.00873	1.00003	.99996	114.58865	114.59301	30′
	(cos)	(cot)	(csc)	(sin)	(tan)	(sec)	89°

入清則薛鳳祚，穆尼閣共譯之比例四線新表小數六位，度以下析爲百分。四線者正弦，餘弦，切線，餘切線也。

（四）對數，代數學，割圓術　對數輸入中國，始於一六五三年，穆尼閣以授薛鳳祚。有比例對數表十二卷，題南海穆尼閣著，北海薛鳳祚纂，穆尼閣解釋對數之大意，謂：「愚今授以新法，變乘除爲加減，……，解此別有專書，今特略明其理。如下二表，二同餘算，不論從 1, 2, 3, 4 起，或從 5, 7, 9, 11 起，但同餘之內，中三連度數，可取第四。」

比例算	1	2	4	8	16	32	64	128	256	512	1024	2048
同餘算 (a)	1	2	3	4	5	6	7	8	9	10	11	12
同餘算 (b)	5	7	9	11	13	15	17	19	21	23	25	27

如「同餘算」(a) 內之 6, 7, 8, 9, 有 $9=(7+8)-6$ 之關係，則「比例算」內之 16, 32, 64, 128, 有 $128=(32\times 64)\div 16$ 之關係。

又「同餘算」(b) 內之 5, 7, 9, 11, 有 $11=(7+9)-5$ 之關係，則「比例算」內之 1, 2, 4, 8 有 $8=(2\times 4)\div 1$, 之關係。

其次介紹對數者爲數理精蘊 (1723)。數理精蘊「對數比例」中，稱：「對數比例，乃西士若往，訥白爾(John Napier, 1550—1617)所作，以借數與眞數對列成表，故名對數表又有恩利格，巴理知斯 (Henry Briggs, 1556?—1630) 復加增修，(1624)，行之數十年，始至中國。」數理精蘊本未出版之前，則藉鈔本傳世，北平故宮博物院圖書館藏御製對數闡微十卷五册，與數理精蘊本校，則卷前多「一至一萬內數根」九葉，前無序，後無 90001 至 99991 表.

代數學於清初輸入，稱爲「西洋借根法」，譯作「阿爾熱巴拉」，東華錄作「阿爾朱巴爾」，赤水遺珍作「阿爾熱八達」，幷異譯也.又有「東來法」之稱，蓋歐洲此學亦傳自亞拉伯.亞拉伯算家亞魯.科瓦利米(Al-Khowârîzmî)約於八二五年著書論代數，書名 Aljabr W'al-Muqâbalah，其後流傳歐洲，爲代數學之祖.故有「東來法」之稱，而「阿爾熱巴拉」似爲 Aljabr 之譯音.數理精蘊(1723) 卷三十一至三十六論借根方比例，其稱借根方也，謂假借根數，方數以求實數之法也.

如： $x^3+x^2-20x=33152$，則書爲：

一立方——一平方——二〇根 ═══ 三三一五二

其論帶縱立方，計分九類，即：

$$x^3\pm bx=k \qquad x^3\pm ax^2=k,$$

$$x^3\pm ax^2+bx=k, \qquad -x^3+ax^2=k,$$

其解法則用奈端 (Newton) 之法 (1669).

割圓術於明末由西士輸入，測量全義(1631)卷五「圓面求積」稱引亞奇默德 (Archimedes, 287?－212 B.C.) 中圜書 (Mea surement of the Circle) 內三題，并附圖說明。

第一題　「圓形之半徑，偕其周作句股形，其容與圓形之積等.」解曰，如圖 $CDEF$ 圓形，其心 B，其半徑 BC，卽以爲股，(圓)形之周爲句，成 QST 句股形，題言兩形之容等。

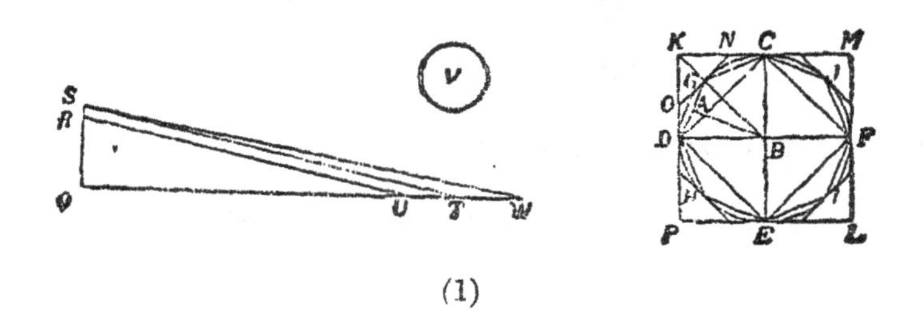

(1)

第二題　「凡圓周三倍圓徑有奇.」二支

此題共有二支，其一證明：$3\frac{10}{70}>\pi$，以外容六邊形起算，如圖(2a)，其二證明：$\pi>3\frac{10}{71}$，以內容六邊形起算，如圖(2b)

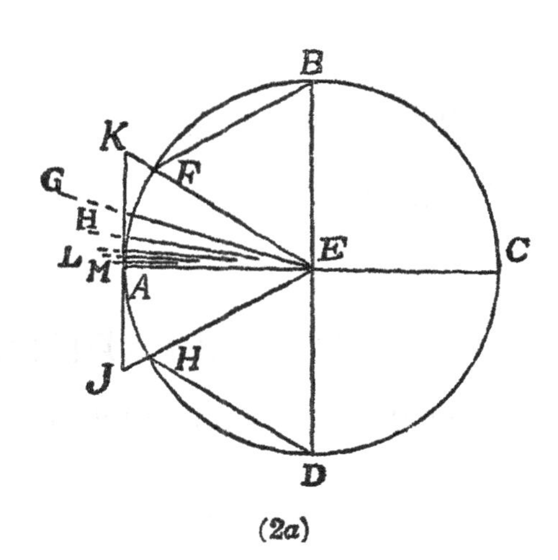

(2a)

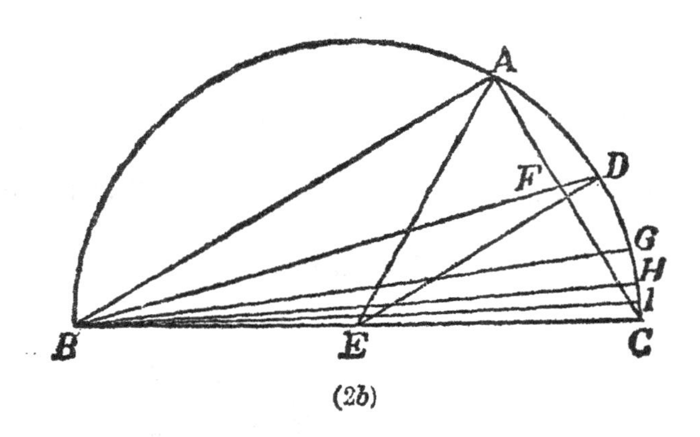

(2b)

第三題 「圓容積與徑上方形之比例.」

解曰:一爲 11 與 14 而朒,一爲 223 與 284 而盈,如圖 (3)

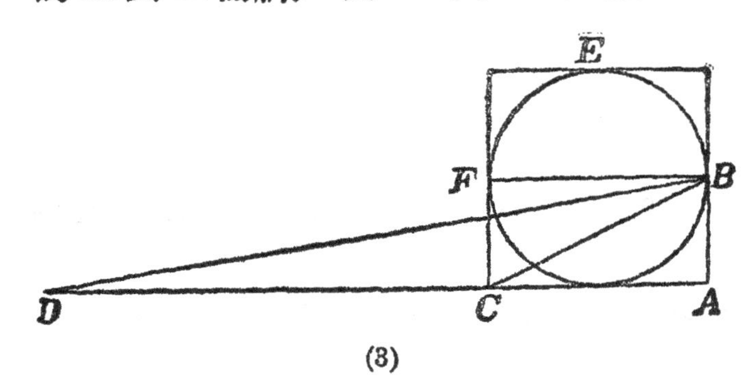

(3)

測量全義又稱今士之法,

徑	100,000,000,000,000,000,000,
大周	314,159,265,358,979,323,847,
小周	314,159,265,358,979,323,846.

但無證法,(註一)數理精蘊(1723)下編卷十五則分別以圓內容六邊,圓內容四邊,圓外切六邊,圓外切四邊起算,用屢求句股之

(註一) 見測量全義,或中算史論叢(二)第145—155頁.

法.求得測量全義所稱今士之法，即 $\pi=3.14159265358979323846$, 設圖如：

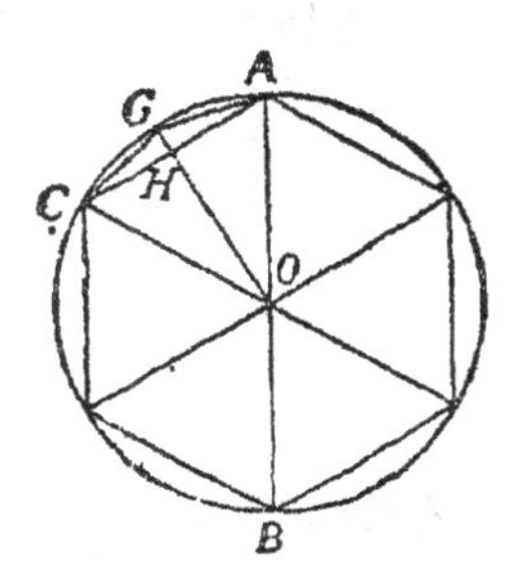

(a)　圜內容六邊起算圖，

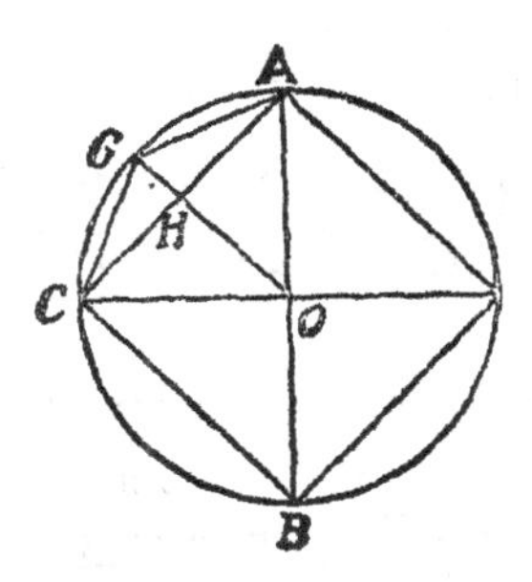

(b)　圜內容四邊起算圖，

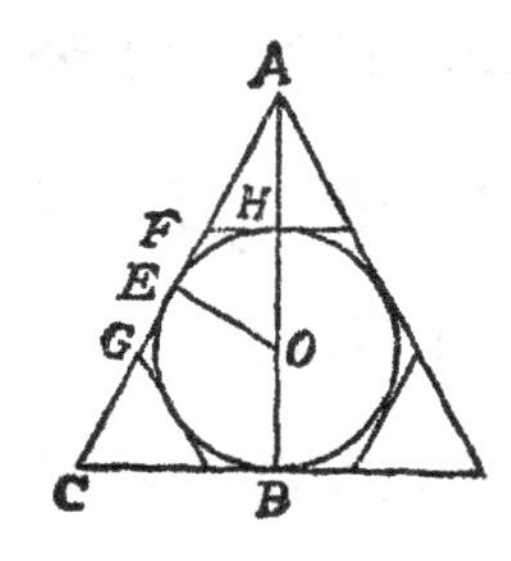

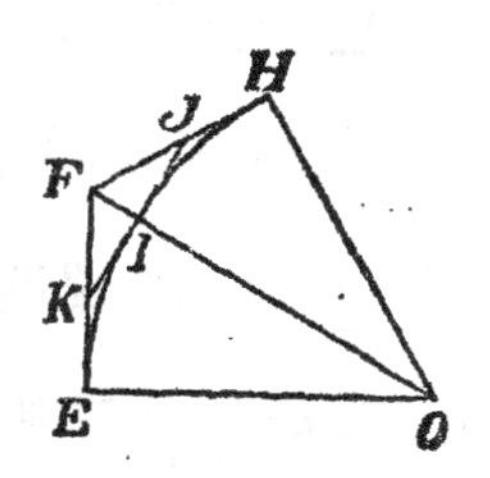

(c)　圜外切六邊起算圖，

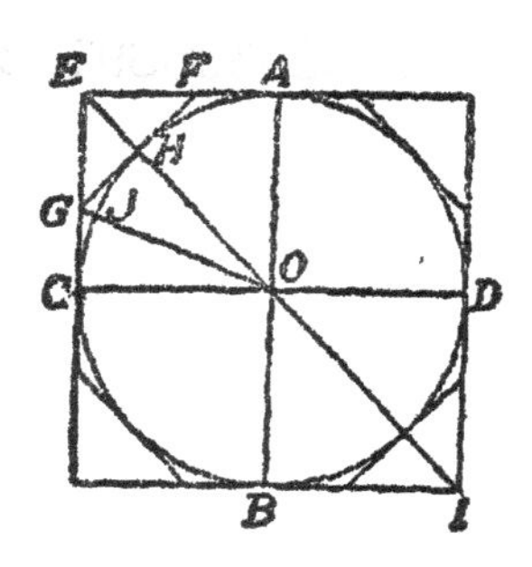

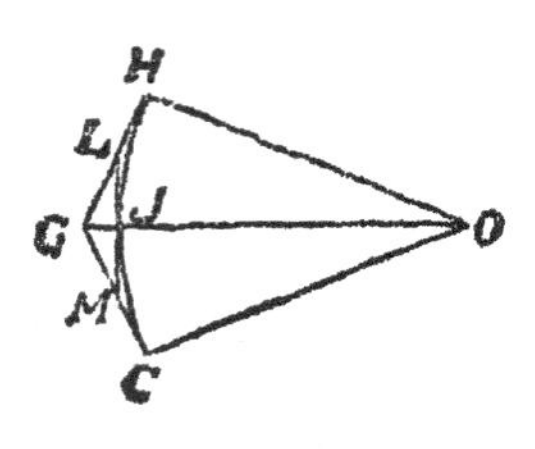

(d) 圜外切四邊起算圖.(註一)

其爲杜德美(1638—1720)所輸入者,據梅瑴成(1681—1763)赤水遺珍所稱,譯「西士杜德美法」爲下之三式:

$$\pi d=d\left\{3+\frac{3\cdot1^2}{4\cdot\lfloor3}+\frac{3\cdot1^2\cdot3^2}{4^2\cdot\lfloor5}+\frac{3\cdot1^2\cdot3^2\cdot5^2}{4^3\cdot\lfloor7}+\cdots\cdots\right\}.$$

或 $$\pi=3\left\{1+\frac{1}{4}\cdot\frac{1^2}{\lfloor3}+\frac{1}{4^2}\cdot\frac{1^2\cdot3^2}{\lfloor5}+\frac{1}{4^3}\cdot\frac{1^2\cdot3^2\cdot5^2}{\lfloor7}+\cdots\cdots\right\}$$

$$=3.1415926495\cdots\cdots\cdots\cdots(\mathrm{I})$$

$$\sin a=a-\frac{a^3}{\lfloor3\cdot r^2}+\frac{a^5}{\lfloor5\cdot r^4}-\frac{a^7}{\lfloor7\cdot r^6}+\frac{a^9}{\lfloor9\cdot r^8}\cdots\cdots\cdots\cdots(\mathrm{II})$$

$$\operatorname{vers} a=\frac{a^2}{\lfloor2\cdot r}-\frac{a^4}{\lfloor4\cdot r^3}+\frac{a^6}{\lfloor6\cdot r^5}-\frac{a^8}{\lfloor8\cdot r^7}+\frac{a^{10}}{\lfloor10\cdot r^9}-\cdots(\mathrm{III})$$

杜德美以其術授滿人明安圖,明安圖以乾隆初年(1736—?)始編割圜密率捷法一書,遺著未成而卒.其割圜密率捷法卷一有圜徑求周等九術,陳際新稱:「內圜徑求周(I),弧背求弦(II),弧背求矢(III)三法,本泰西杜氏德美所著」,蓋以其餘六術爲

(註一) 見數理精蘊,或中算史論叢(二)第158—167頁.

明安圖所補創也，而朱鴻，張豸冠，項名達，(1789—1850) 董祐誠(1791—1823)，徐有壬(1800—1860)，戴煦(1805—1860)，丁取忠，夏鸞翔 (1823—1864)，復通稱杜氏九術．九術者：

(一) 圜徑求周，

$$\pi d=d\left\{3+\frac{3\cdot1^2}{4\cdot\lfloor3}+\frac{3\cdot1^2\cdot3^2}{4^2\cdot\lfloor5}+\frac{3\cdot1^2\cdot3^2\cdot5^2}{4^3\cdot\lfloor7}+\cdots\cdots\right\},$$

或 $$\frac{\pi}{3}=1+\frac{1}{4}\,\frac{1^2}{\lfloor3}+\frac{1}{4^2}\cdot\frac{1^2\cdot3^2}{\lfloor5}+\frac{1}{4^3}\cdot\frac{1^2\cdot3^2\cdot5^2}{\lfloor7}+\cdots\cdots,$$

或 $$\pi d=3d\sum_{1}^{\infty}\frac{1^2\cdot1^2\cdot3^2\cdot5^2\cdots\cdots(2n-5)^2(2n-3)^2}{4^{n-1}\cdot(2n-1)!}\qquad(\mathrm{I})$$

(二) 弧背求正弦，

$$\sin a=a-\frac{a^3}{\lfloor3\cdot r^2}+\frac{a^5}{\lfloor5\cdot r^4}-\frac{a^7}{\lfloor7\cdot r^6}+\frac{a^9}{\lfloor9\cdot r^8}-\cdots\cdots,$$

或 $$\sin a=\sum_{1}^{\infty}(-1)^{n-1}\frac{a^{2n-1}}{r^{2(n-1)}\cdot(2n-1)!}.\qquad(\mathrm{II})$$

(三) 弧背求正矢，

$$\operatorname{vers} a=\frac{a^2}{\lfloor2\cdot r}-\frac{a^4}{\lfloor4\cdot r^3}+\frac{a^6}{\lfloor6\cdot r^5}-\frac{a^8}{\lfloor8\cdot r^7}+\frac{a^{10}}{\lfloor10\cdot r^9}-\cdots\cdots,$$

或 $$\operatorname{vers} a=\sum_{1}^{\infty}(-1)^{n+1}\frac{a^{2n}}{r^{2n-1}(2n)!}.\qquad(\mathrm{III})$$

(四) 弧背求通弦，

$$c=2a-\frac{(2a)^3}{4\underline{|3}\ r^2}+\frac{(2a)^5}{4^3\cdot\underline{|5}\cdot r^4}-\frac{(2a)^7}{4^3\cdot\underline{|7}\cdot r^6}$$

$$+\frac{(2a)^9}{4^4\cdot\underline{|9}\cdot r^8}-\cdots\cdots,$$

或 $$c=\sum_{1}^{\infty}(-1)^{n+1}\frac{(2a)^{2n-1}}{4^{n-1}\cdot r^{2(n-1)}(2n-1)!}\qquad\text{(IV)}$$

(五)弧背求矢，

$$\text{vers}\,a=\frac{(2a)^2}{4\underline{|2}\cdot r}-\frac{(2a)^4}{4^2\cdot\underline{|4}\cdot r^3}+\frac{(2a)^6}{4^3\cdot\underline{|6}\cdot r^5}$$

$$-\frac{(2a)^8}{4^4\cdot\underline{|8}\cdot r^7}+\cdots\cdots,$$

或 $$\text{vers}\,a=\sum_{1}^{\infty}(-1)^{n+1}\frac{(2a)^{2n}}{4^n\cdot r^{2n-1}\cdot(2n)!}\qquad\text{(V)}$$

(六)通弦求弧背，

$$2a=c+\frac{1^2\cdot c^3}{4\underline{|3}\cdot r^2}+\frac{1^2\cdot 3^2\cdot c^5}{4^2\underline{|5}\cdot r^4}+\frac{1^2\cdot 3^2\cdot 5^2\cdot c^7}{4^3\underline{|7}\cdot r^6}$$

$$+\frac{1^2\cdot 3^2\cdot 5^2\cdot 7^2\cdot c^9}{4^4\cdot\underline{|9}\cdot r^8}+\cdots\cdots,$$

或 $$2a=\sum_{1}^{\infty}\frac{1^2\cdot 1^2\cdot 3^2\cdots\cdots(2n-5)^2(2n-3)^2}{4^{n-1}\cdot r^{2(n-1)}(2n-1)!}c^{2n-1}.\qquad\text{(VI)}$$

(七)正弦求弧背，

$$a=\sin a+\frac{1^2\cdot\sin^3 a}{\underline{|3}\ r^2}+\frac{1^2\cdot 3^2\cdot\sin^5 a}{\underline{|5}\cdot r^4}-$$

$$+\frac{1^2\cdot 3^2\cdot 5^2\cdot \sin^7\alpha}{\lfloor 7\cdot r^6}+\frac{1^2\cdot 3^2\cdot 5^2\cdot 7^2\cdot \sin^9\alpha}{\lfloor 9\cdot r^9}+\cdots,$$

或

$$a=\sum_1^\infty \frac{1^2\cdot 1^2\cdot 3^2\cdots\cdots(2n-5)^2(2n-3)^2}{r^{2(n+1)}\cdot(2n-1)!}\sin^{2n-1}\alpha\ (\text{VII})$$

此式乃由 (VI) 式，令 $c=2\sin\alpha$ 代得.

(八) 正矢求弧背，

$$a^2=r\left\{(2\ \text{vers}\ \alpha)+\frac{1^2(2\ \text{vers}\ \alpha)^2}{3\cdot 4\cdot r}+\frac{1^2\cdot 2^2\cdot(2\ \text{vers}\ \alpha)^3}{3\cdot 4\cdot 5\cdot 6\cdot r^2}+\frac{1^2\cdot 2^2\cdot 3^2\cdot(2\ \text{vers}\ \alpha)^4}{3\cdot 4\cdot 5\cdot 6\cdot 7\cdot 8\cdot r^3}+\cdots\cdots\right\},$$

或

$$a^2=2r\sum_1^\infty \frac{1^2\cdot 1^2\cdot 2^2\cdots\cdots(n-2)^2(n-1)^2}{r^{n-1}\cdot(2n)!}(2\ \text{vers}\ \alpha)^n\quad(\text{VIII})$$

(九) 矢求弧背，

$$(2a)^2=r\left\{(8\ \text{vers}\ \alpha)+\frac{1^2(8\ \text{vers}\ \alpha)^2}{4\cdot 3\cdot 4\cdot r}+\frac{1^2\cdot 2^2(8\ \text{vers}\ \alpha)^3}{4^2\cdot 3\cdot 4\cdot 5\cdot 6\ r^2}+\frac{1^2\cdot 2^2\cdot 3^2(8\ \text{vers}\ \alpha)^4}{4^4\cdot 3\cdot 4\cdot 5\cdot 6\cdot 7\cdot 8\ r^3}+\cdots\cdots\right\},$$

或

$$(2a)^2=2r\sum_1^\infty \frac{1^2\cdot 1^2\cdot 2^2\cdots\cdots(n-2)^2(n-1)^2}{4^{n-1}\cdot r^{n-1}(2n)!}(8\ \text{vers}\ \alpha)^n\quad(\text{IX})$$

此式由 (VIII) 式化得極易看出.

88.　王錫闡梅文鼎　清初算家最負盛名者爲王錫闡(1628—1682)，梅文鼎(1633—1721).清阮元(1764—1848)疇人傳(1799)卷三十六王錫闡傳「論曰：國初算學，南王(錫闡)，北薛(鳳祚)，幷稱，然王非薛之所能及也，(王)曉庵貫通中西之術，而又頻年實測，得之目驗，故於湯(若望)，羅(雅谷)新法諸書，能取其精華，而去其糟粕．(薛)儀甫謹守穆尼閣成法，依數推衍，隨人步趨而已，未能有深得也」．又於卷三十八梅文鼎傳「論曰：自(梅)徵君以來，通數學者，後先輩出，而師師相傳，要皆本於梅氏．錢少詹[大昕](1728—1804)目爲國朝算學第一，夫何愧焉」。足見其推崇之至．

王錫闡(1628—1682)字寅旭號曉庵，又號餘不，又號天同一生，吳江人也．著有曉庵新法六卷(1663)，大統曆法啓蒙五卷，曆表三卷，雜著一卷，共爲曉庵遺書四種十六卷，收入木犀軒叢書中．曉庵考古法之誤，而存其是，擇西說之長，而去其短．據依圭表，改立法數，識者莫不稱善，康熙二十一年(1682)卒，年五十五．(註一)

梅文鼎(1633—1721)字定九，號勿菴，宣城人．兒時侍父士昌及塾師羅王賓仰觀星象，知其大略．年三十(1662)從同里倪正受臺官通軌，大統曆算交食法．康熙五年(1666)應鄉試得泰西曆象書盈尺，康熙十四年(1675)始購得崇禎曆書於吳門姚氏．文鼎爲學甚勤，自言廢寢食者四十年．居北京時，嘗午夜篝燈夜讀，昧爽則興，頻年手鈔雜帙，不下數萬卷．因李光地(1642—

(註一)　參看清史列傳卷六十八，第十頁．

1718) 之薦，與修明史曆志．弟文鼐，文鼏，子以燕，孫穀成，(1681—1763)玕成，曾孫鈖，鉽，鈴，鈁，鏐，鉞并通數學，而以穀成爲尤著．文鼎著書七十餘種，今所傳者，以承學堂所刻梅氏叢書輯要三十九種爲最完備．其關於算數者，皆整理西算之作．計有：籌算三卷，平三角舉要五卷，弧三角舉要五卷 (1684)，方程論六卷 (1690)，句股舉隅一卷，幾何通解一卷，幾何補編四卷，少廣拾遺一卷 (1692)，筆算五卷 (1693)，環中黍尺五卷 (1700)，塹堵測量二卷，方圓冪積一卷．(註一)

穀成字玉汝，號循齋，又號柳下居士．康熙乙未 (1715) 進士，官至左都御史。讀書內廷，多見祕籍；益以家學所傳，故其造詣甚深．嘗與修律曆淵源一百卷 (1723)，增删算法統宗十一卷 (1700)，重編梅氏叢書輯要六十二卷 (1761)，以別於兼濟堂纂刻梅氏曆算全書．(1723)．輯要末附錄穀成自著赤水遺珍，操縵卮言各一卷(1761)，又著柳下舊聞十六卷，卒諡文穆．(註二)

89. 陳世仁尖錐法 陳世仁(1676—1722)字元之，號煥吾，海寧人，好學工爲文，精曉算學．康熙乙未(1715)以進士入翰林，辭官養母，著有少廣補遺一卷，四庫全書據兩江總督採進本收入．原書共分七節．其第一節論「三角及諸尖十二法」，如

(註一) 參看清史列傳卷六十八，第十頁．

(註二) 參看清史列傳卷六十八，第十頁．

(1) 平尖 $1+2+3+\cdots\cdots+n=\frac{n(n+1)}{2}$

(2) 立尖 $1+3+6+\cdots\cdots+(1+2+3+\overline{m-1})=\frac{m^3-m}{6}$,

$m=n+1.$

(3) 倍尖 $1+2+4+\cdots\cdots 2^{n-1}=2^n-1.$

(4) 方尖 $1^2+2^2+3^2+\cdots\cdots+n^2=\frac{n(n+1)(2n+1)}{6}.$

(5) 再乘尖 $1^3+2^3+3^3+\cdots\cdots+n^3=\left\{\frac{n(n+1)}{2}\right\}^2.$

(6) 抽奇平尖 $2+4+6+\cdots\cdots+2n=n(n+1).$

(7) 抽偶平尖 $1+3+5+\cdots\cdots+2\overline{n-1}=n^2.$

(8) 抽奇立尖 $2(1)+2(1+2)+2(1+2+3)+\cdots\cdots$

$$+2(1+2+3+\cdots\cdots+\overline{m-1})=\frac{m^3-m}{3}.$$

(9) 抽偶立尖 $(1)+(1+3)+(1+3+5)+\cdots\cdots$

$$+(1+3+5+\cdots\cdots+2\overline{n-1})$$

$$=\frac{n}{3}\left(n^2+\frac{3}{2}n+\frac{1}{2}\right)$$

(10) 抽奇偶方尖 $1^2+3^2+5^2+\cdots\cdots+2\overline{n-1}^2=\frac{n}{3}(4n^2-1)$

(11) 抽偶再乘尖 $1^3+3^3+5^3+\cdots\cdots+2\overline{n-1}^3=n^2(2n^2-1).$

(12) 抽奇再乘尖 $2^3+4^3+6^3+\cdots\cdots+\overline{2n}^3=2n^2(n+1)^2.$

其第五節論「開抽偶立尖半積」謂:

(1) $(1+3+5)_1+(1+3+5)_2+(1+3+5+7)_3$

$+(1+3+5+7)_4+(1+3+5+7+9)_5$

$+(1+3+5+7+9)_6+\cdots+(1+3+5+\cdots+m)_{n-1}$

$+(1+3+5+\cdots+m)_n.$

$=\frac{m^2n}{4}-\frac{mn}{2}\left(\frac{n-4}{2}\right)+\frac{n^3-6n^2+11n}{12}.$ n 爲偶。

(2) $(1+3+5)_1+(1+3+5+7)_2+(1+3+5+7)_3$

$+(1+3+5+7+9)_4+(1+3+5+7+9)_5$

$+(1+3+5+7+9+11)_6$

$+\cdots\cdots+(1+3+5+\cdots\cdots+\overline{m-2})_{n-1}$

$+(1+3+5+\cdots\cdots+m)_n$

$=\frac{m^2n}{4}-\frac{mn}{2}\left(\frac{n-2}{2}\right)+\frac{n^3-3n^2+5n}{12}.$ n 爲偶。

(3) $(1+3+5)_1+(1+3+5+7)_2+(1+3+5+7)_3$

$+(1+3+5+7+9)_4+(1+3+5+7+9)_5$

$+(1+3+5+7+9+11)_6+\cdots+(1+3+5+\cdots+m)_{n-1}$

$+(1+3+5+\cdots\cdots+m)_n$

$=\frac{m^2n}{4}-\frac{m(n^2-4n+1)}{4}+\frac{n^3-6n^2+14n-6}{12}.$ n 爲奇。

(4) $(1+3+5)_1+(1+3+5)_2+(1+3+5+7)_3$

$+(1+3+5+7)_4+(1+3+5+7+9)_5.$

$$+(1+3+5+7+9)_6+\cdots+(1+3+5+\cdots+\overline{m-2})_{n-1}$$

$$+(1+3+5+\cdots\cdots+m)_n$$

$$=\frac{m^2n}{4}-\frac{m(n^2-2n-1)}{4}+\frac{n^3-3n^2+2n+3}{12}.\quad n\text{ 爲奇。}$$

第六節論「開抽奇立尖半積」則謂:

(1) $$(2+4+6)_1+(2+4+6)_2+(2+4+6+8)_3$$

$$+(2+4+6+8)_4+(2+4+6+8+10)_5$$

$$+(2+4+6+8+10)_6$$

$$+\cdots+(2+4+6+\cdots+m)_{n-1}+(2+4+6+\cdots+m)_n$$

$$=\frac{m^2n}{4}-\frac{mn}{2}\left(\frac{n-4}{2}\right)+\frac{n^3-6n^2+8n}{12},\qquad n\text{ 爲偶.}$$

(2) $$(2+4+6)_1+(2+4+6+8)_2+(2+4+6+8)_3$$

$$+(2+4+6+8+10)_4+(2+4+6+8+10)_5$$

$$+(2+4+6+8+10+12)_6$$

$$+\cdots+(2+4+6+\cdots+\overline{m-2})_{n-1}+(2+4+6+\cdots+m)_n$$

$$=\frac{m^2n}{4}-\frac{mn}{2}\left(\frac{n-2}{2}\right)+\frac{n^3-3n^2+2n}{12},\qquad n\text{ 爲偶.}$$

(3) $$(2+4+6)_1+(2+4+6+8)_2+(2+4+6+8)_3$$

$$+(2+4+6+8+10)_4+(2+4+6+8+10)_5$$

$$+(2+4+6+8+10+12)_6$$

$$+\cdots+(2+4+6+\cdots+\overline{m-2})_{n-1}+(2+4+6+\cdots+m)_n$$

$$=\frac{m^2n}{4}-\frac{m(n^2-4n+1)}{4}+\frac{n^3-6n^2+11n-6}{12},\ n\text{為奇。}$$

(4) $$(2+4+6)_1+(2+4+6)_2+(2+4+6+8)_3$$

$$+(2+4+6+8)_4+(2+4+6+8+10)_5$$

$$+(2+4+6+8+10)_6$$

$$+\cdots+(2+4+6+\cdots+\overline{m-2})_{n-1}+(2+4+6+\cdots+m)_n$$

$$=\frac{m^2n}{4}-\frac{m(n^2-2n+1)}{4}+\frac{n^3-3n^2-n+3}{12},\qquad n\text{為奇}$$

其第七節「立尖準諸尖」內，又舉「抽偶方尖準立尖」一式，如：

$$1+(1+9)+(1+9+25)+\cdots+(1+9+25+\cdots+\overline{2n-1}^2)$$

$$=\frac{1}{3}\left\{n^2(n+1)^2-\frac{1}{2}n(n+1)\right\}.$$

并爲前人所未述。

90　張潮縱橫圖　張潮字山來，一字心齋，歙縣人以歲貢官翰林孔目，所著心齋雜俎卷下，「算法圖補」，謂：

「算法統宗所載十有四圖，縱橫斜正，無不妙合自然，有非人力所能爲者．大抵皆從洛書悟而得之．內惟百子圖，於隅徑不能合，因重加改定。復以意增布雜圖，亦皆有自然之妙。乃知人心與理數相爲表裏，引而伸之，當猶有不盡於此者，姑即其巳然者列於後」

今摘錄數圖如下：

龜文聚六圖

二十四子作四十二子用，

各七十五數.

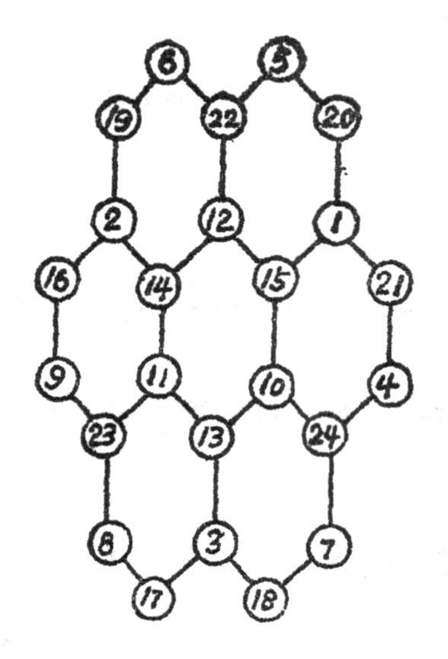

七襄圖

三十一子作四十九子用，

各百十二數.

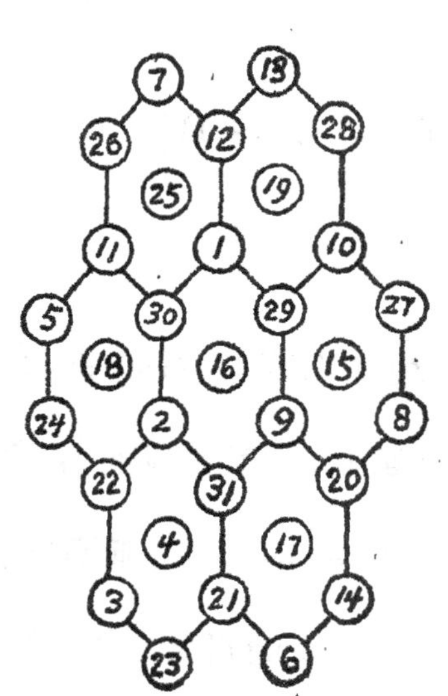

九宮圖

四十九子作八十一子用，

各二百二十五數.

更定百子圖

縱橫斜正各五百零五數，

一百子作二百二十子用.

60	5	96	70	82	19	30	97	4	42
66	43	1	74	11	90	54	89	69	8
46	18	56	29	87	68	21	34	62	81
32	75	100	47	63	14	3	27	77	17
22	61	38	39	52	51	57	15	91	79
31	95	13	64	50	49	67	86	10	40
83	35	44	45	2	36	71	24	72	93
16	99	59	23	33	85	9	28	55	93
73	26	6	94	88	12	65	80	58	3
76	48	92	20	37	81	78	25	7	41

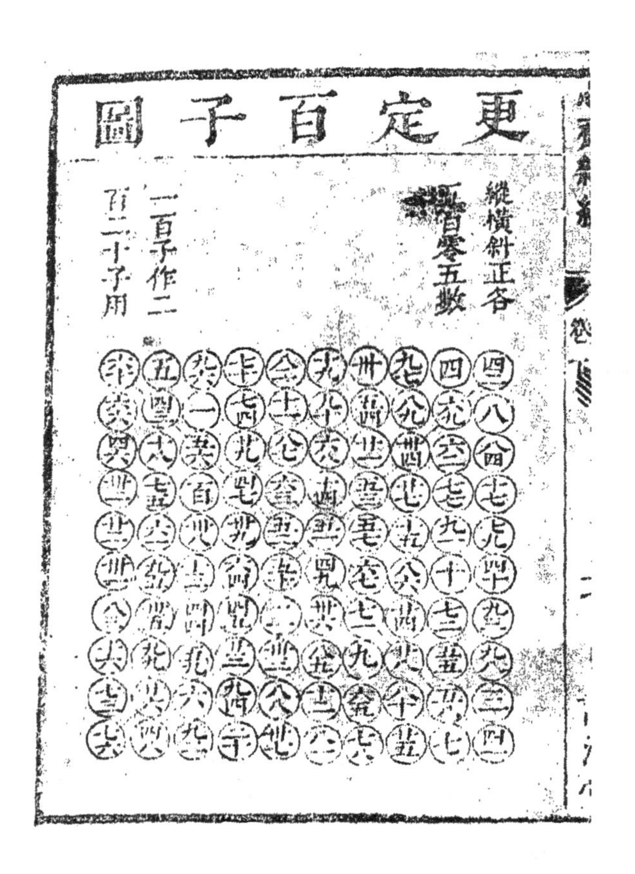

宋人之論縱橫圖者有楊輝丁易東.明程大位則因楊輝之說，其互異者，有「五五圖」，「六六圖」等.

五五圖

5	23	16	4	25
15	14	7	18	11
24	17	1	9	2
20	8	19	12	6
1	3	.0	22	21

六六圖

27	29	2	4	13	36
9	11	20	22	31	18
32	25	7	3	1	23
14	16	34	30	12	5
28	6	15	17	26	19
1	24	33	35	8	10

清方中通數度衍卷首之「九九圖說」亦引及程說，其互異者祇「五五圖」一圖耳．

五五圖

5	3	10	22	25
15	14	7	18	11
24	17	13	9	2
20	8	19	12	6
1	23	16	4	21

第十章

第五　最近世期

91. 最近世期算學 清自乾隆初年(C. 1700)之後，西算輸入，已告一段落。自此以後，朝野上下，刻意復古。算經十書，宋元算書，先行傳刻，次加註釋。阮元(1764—1848)於乾隆乙卯(1795)始與李銳(1768—1817)周治平共著疇人傳四十六卷，於嘉慶己未(1799)完成，一時善算，如錢大昕(1728—1804)，丁杰(1738—1807)，凌廷堪(1755—1809)談泰，焦循(1763—1820)幷與校訂。宋元舊算，一經提倡，研治者日衆。向在明清之際，所輸入之西算，往往不說明原理。至此研治者大有其人。其論幾何也，則李潢(?—1811)，安清翹(1759—1830)項名達(1789—1850)輩之證明畢氏(Pythagoras)定理。而項名達之平三角和較術，及孔廣森(1752—1786)，董祐誠(1791—1823)戴煦(1805—1860)，丁取忠，李善蘭(1810—1882)，徐有壬(1800—1860)，夏鸞翔(1823—1850)，等，圓率解析法之證明，安清翹，左潛(?—1874)，等三角術公式之證明，皆有藉於幾何學之證明也。此外論曲線者則有朱鴻，董祐誠，項名達，戴煦，徐有壬，夏鸞翔，論方程式者，有汪萊(1768—1813)，鄒伯奇(1819—1869)，夏鸞翔；論級數者，有汪(萊)董祐誠，項名達，戴煦，羅士琳(?—1853)；論對數者，有李善蘭，鄒伯奇，顧觀光(1799—1862)，戴煦，徐有壬；論縱橫圖者，有保其壽；論弧三角術者，有：汪萊，安清翹，董祐誠，項名達等，此其大較也。而李善蘭華蘅芳之譯述西算，則為清季中算大事。譯述之初，并遠傳至於日本。是時清室國祚，時感動搖，說者羣言興學。而士人祇視此為入官捷徑，成效甚微。不久清社亦屋。但以世界潮流所趨，中華民族，至此又步入一新時代焉。

92. 算經十書之傳刻　最近世期之初最先傳刻算經十書。其在明末則僅周髀算經，數術記遺刻入祕册彙函，唐宋叢書中。入清則圖書集成僅採及程大位算法統宗。常熟毛晉收得孫子，五曹，張丘建，夏侯陽，周髀，緝古，九章等七經。皆元豐七年(1080)祕書省刊本，於康熙甲子(1680)，作算經跋紀錄其事。并影摹一份入官。其原書直至清季，尚大半留存。乾隆三十七年(1772)下詔求書，各省并有進獻。乾隆三十八年(1773)開四庫全書館，四庫全書天文算法類收有算經十書及數學九章，測圓海鏡等古算書。此項古算書多由戴震(1724—1777)於永樂大典中輯出。乾隆三十九年(1774)十月三十日戴震與段玉裁(1735—

1815)書稱:「數月來纂次永樂大典散篇,於算書得九章,海島,孫子,五曹,夏侯陽五種.」因陸續校上,其周髀算經二卷,音義一卷,五經算術二卷,亦輯自永樂大典.乾隆三十九年以後金簡陸續仿宋人活字版式選刻四庫全書前後百三十八種,并刻周髀,九章,孫子,海島,五曹,夏侯陽,五經算術等七種算經.江蘇,浙江,江西,福州,廣州各處,并加翻刻.一時名士,如朱彝尊(1629—1709),臧琳(1650—1696),盧文昭(1717—1795),王鳴盛(1722—1797),戴震(1724—1777),程瑤田(1725—1814),馮經,李潢(?—1811),孔繼涵(1739—1783),吳烜,顧觀光(1799—1862),鄒伯奇(1819—1869),孫詒讓(1848—1908),并爲圖註題跋傳世.(註一)四庫全書曾分貯七閣,今各本校上年月如下:

文津本: 乾隆四十九年(1784)十一月校上周髀算經,
乾隆四十年(1775)四月校上九章算術,
乾隆四十八年(1783)八月校上夏侯陽算經,
乾隆四十八年(1783)八月校上張丘建算經,
乾隆四十九年(1784)閏三月校上五曹算經,

(註一) 臧琳經文雜記卷十三,嘉慶四年(1799)刻本第15—16頁,有「周髀算經」條.王鳴盛蛾術編卷十三,道光二十一年(1841)刻本,第7—8頁,有「十部算經」條.孫詒讓札迻卷十一,光緒年刻本,第6—9頁,有文考訂周髀算經,及孫子,記遺,夏侯陽等算經.并參看王重民著,李儼校清代文集算學類論文,見民國二十四年三月五卷二號學風第1—8頁.

乾隆四十九年(1784)十月校上五經算術,
乾隆四十九年(1784)七月校上數術記遺,
乾隆四十九年(1784)八月校上緝古算經,
乾隆四十年(1775)十月校上孫子算經;

文瀾本: 乾隆五十二年(1787)二月校上周髀算經,
乾隆五十年(1785)五月校上夏侯陽算經,
乾隆五十二年(1787)三月校上張丘建算經,
乾隆五十一年(1786)六月校上五曹算經;

聚珍本: 乾隆四十一年(1776)二月校上夏侯陽算經,
乾隆四十一年(1776)六月校上五曹算經,
乾隆三十九年(1774)十月校上五經算術,
乾隆四十一年(1776)二月校上孫子算經,
乾隆四十年(1775)四月校上海島算經,

餘尙待考.曲阜孔繼涵則於乾隆三十八年(1773)據毛氏影摹宋刻本孫子,五曹,張丘建,夏侯陽,周髀,緝古等算經,及永樂大典本海島,五經,九章等算經,經戴震校訂者,附入戴震所著策算(1744),句股割圜記三卷(1758),刻入微波榭叢書中,稱爲算經十書.同時常熟屈曾發於乾隆四十一年(1776)刻九章算術及海島算經,未有附圖,戴震曾爲之序.歙人鮑廷博(1728—1814)亦於乾隆丙申(1776)以後,刻知不足齋叢書,所收算經,計有五曹，孫子，張丘建，緝古等四種，幷以宋刻本爲藍本。其宋本九章算術五卷，已經錄出，尙未付刻。(註一)是爲最近世期算經十書傳刻之經過。

93. 宋元算學之硏討 淸初宋元算書箸錄於四庫全書者，有：數學九章(1247)，測圓海鏡(1248)，益古演段(1259)等三種。至四元玉鑑(1303)一書，梅瑴成(1681—1763)尙見及之，時尙無刻本行世。乾隆丙申以後，歙人鮑廷博(1728—1814)刻知不足齋叢書，於傳刻五曹，孫子，張丘建，緝古四經外，幷於嘉慶二年(1797)校刻李冶益古演段(1259)，嘉慶三年(1798)校刻李冶測圓海鏡(1248)，而楊輝之續古摘奇算法(1275)，丁巨之丁巨算法(1355)，無名氏之透簾細草等殘本亦於此時傳刻。各書除李冶二書出於四庫全書外，餘則錄自永樂大典。是時孔廣森(1752—1786)因王氏緝古，秦氏數書，李氏演段，海鏡諸書，箸爲少廣正負術內外篇，凡六篇，又擬註測圓海鏡未竟而卒。李銳(1768—1817)亦治宋元算法，曾校測圓海鏡，推算立天一細草，又校益古演段三卷(1797)，自著方程新術草一卷，句股算術細草一卷(1806)，弧矢算術細草一卷，校楊輝算法若干卷，又校四庫館本數學九章。銳復因秦九韶之法，作開方說三卷。甫及上中二卷而卒。先是，阮元(1762—1849)視學浙江，從文瀾閣四庫全

(註一) 見適園藏書志卷七.

書內鈔得測圓海鏡一本，又得丁杰藏本，屬李銳算校一過。嘉慶二年(1797)校成，明年(1798)刻入知不足齋叢書第二十集中。傳是樓藏有四元玉鑑，其書晚出。李銳雖亦見及，時已疾作，校讎數段，僅及天元。阮元繼續發見朱世傑算學啓蒙(1299)，及四元玉鑑(1303)，其四元玉鑑一書，先收入淸宮，有提要一篇，刻於揅經堂外集中。一時戴煦(1805—1860)，沈欽裴(1823)，羅士琳(?—1853)幷於此書加以註釋。戴煦著四元玉鑑細草若干卷(1826)，圖解明暢。溆浦陳棠受業於新化鄒伯宗，曾於其處，見戴氏玉鑑細草鈔本。沈欽裴亦箸四元玉鑑細草，至癸未(1823)夏中止，僅及中卷，而欽裴已補荆溪教官，此事遂擱，計共成四册，張文虎(1808—1885)尙見及之。今北平松坡圖書館，尙藏有沈欽裴註四元細草，前有道光九年(1829)沈欽裴自序。羅士琳(?—1853)於道光壬午(1822)試京兆，始於漢陽葉繼雯處，見四元玉鑑原書，癸未(1823)假得黎應南所藏鈔本，同時龔自珍(1792—1841)又以何元錫(1766—1804)刻本四元玉鑑見贈，乃着手爲之補草。研究一紀(1823—1835)，補成全草。共爲四元玉鑑細草二十四卷，前有道光甲午(1835)校勘記一篇。羅草於甲午(1835)畢業，丁酉(1837)增訂，由同邑易之瀚校算，一時知算如徐有壬(1800—1860)，黎應南幷與商榷。羅有補增開方，天元，四元，釋例共一卷(1838)，易有開方，天元，四元釋例三則共一卷，附於細草。羅於細草四元外，又校正朝鮮重刊本算學啓蒙三卷(1839)，與其他自箸各書，彙刻入觀我生室彙稿。又句股截積和較算例二卷，刊入連筠簃叢書中。道光二十年(1840)以後上海郁松年於宜稼堂叢書傳刻宋秦九韶數書九章十八卷，及楊輝算法五種，六卷。宋景昌有楊輝算法札記一卷(1840)，數學九章札記四卷(1842)，詳解九章算法札記一卷(1842)，就中楊輝算法雖非全帙。而此五十年間(1797—1842)，宋元算書之傳刻與研討，已臻極峯矣。

94 最近世期算學家列傳 最近世期自乾隆三十七年(1772)，下詔求書，明年(1773)，開四庫全書館，迄同治十三年(1874)白芙堂算學叢書二十三種刻成止，此百年中算家輩出。今舉其傳略如下：

(一)戴震 戴震(1724—1777)字東原，安徽休寧人。乾隆甲子(1744)年二十二，撰策算一卷，年二十八，始師事婺源江永(1681—1762)，歲乙亥(1755)撰句股割圜記三篇，以避讎入都，館秦蕙田(1702—1764)家，於西洋新法算書，大清會典推步法多所整理。乾隆二十七年(1762)舉於鄉，三十八年(1773)詔開四庫全書館，與校全書，就中子部天文算法類提要幷出震手。震供四庫館，自癸巳(1773)迄丁酉(1777)疾終凡四年，編校甚勤。於永樂大典中輯出周髀，九章，孫子，海島，五曹，夏侯陽，五經等七部算經，武英殿聚珍本，及微波榭本算經十書幷據震校訂者傳刻，乾隆四十一年(1776)屈曾發刻九章算術及海島算經，震尙爲製序。(註一)

(二)李潢　李潢(?—1811)字雲門，鍾祥人，乾隆三十六年(1771)進士，由翰林官至工部左侍郎，博綜羣書，尤精算學。遺著九章算術細草圖說九卷，附海島算經細草圖說一卷，嘉慶庚辰(1820)沈欽裴校，程矞采刻。又輯古算經考注二卷，道光壬辰(1832)劉衡校，程矞采刻。(註二)

(三)孔廣森　孔廣森(1752—1786)字衆仲號撝約又號顨軒曲阜人，乾隆三十六年(1771)進士。少曾師事戴震，因得盡傳其學，及官翰林，與窺中祕，得見王孝通緝古算法，秦九韶，數學九章，李冶益古演段，測圓海鏡諸書，由是精研九數，學益大進。所著少廣正負術，內篇三卷，外篇三卷，爲孔顨軒所著書之一。(註三)

(四)張敦仁　張敦仁(1754—1834)字古餘陽城人，乾隆四十年(1775)進士，官至雲南鹽法道。晚居金陵，與李銳相善。研治

(註一)　錢寶琮「戴震算學天文著作考」引洪榜戴東原行狀，段玉裁戴東原年譜，江藩漢學師承記，戴震傳，阮元疇人傳戴震傳，清史列傳，戴震傳，魏建功戴東原年譜.

(註二)　見阮元疇人傳卷四十九，李潢傳.

(註三)　阮元疇人傳孔廣森傳，引顨軒孔氏所著書，漢學師承記，校禮文堂集 商務印書館，東方圖書館藏有孔廣森校測圓海鏡十二卷.

古算，曾收藏宋本算經十書中孫子，張丘建，九章中三經，嘉慶乙丑(1805)由顧廣圻(1766—1835)審定，并附以跋。敦仁著緝古算經細草三卷(1803)，求一算術三卷(1803)，有道光辛卯(1831)自刻本，又開方補記八卷，附通論一卷，有道光甲午(1834)刻本。(註一)

(五)焦循　焦循(1763—1820)字理堂，號里堂，江都人。嘉慶六年(1801)舉人。著有乘方釋例五卷(1790)，加減乘除釋八卷(1794—1798)，天元一釋二卷(1800)，釋弧三卷(1798)，釋輪二卷(1796)，釋橢一卷(1796)，補衡齋算學第三册一卷，開方通釋一卷。(註二)

(六)汪萊　汪萊(1768—1813)字孝嬰，號衡齋，歙縣人。年十五，補府學生員。弱冠後，讀書於吳縣葑門外，經史曆算無不精究。始著覆載通幾一卷(1792)，樂律逢源一卷(1793)，及算學論文若干篇。嘉慶初歸歙家居，與郡人巴孟嘉(名樹穀)，江雍浦(名泌)，羅子信(名永符)友善，肆力治算，辛酉(1801)館秦恩復

(註一)　阮元疇人傳張敦仁傳，引緝古算經細草，求一算術，開方補記．宋本孫子算經，張丘建算經，九章算經顧廣圻跋．

(註二)　阮元疇人傳焦循傳引里堂學算記，雕菰樓文集，揅經室文集，漢學師承記，揚州畫舫錄 清史列傳卷六十九，焦循傳．

國立北平圖書館藏乘方釋例五卷，書前有「焦循手錄」之印，卷末有：「乾隆六十年(1790)十二月二十二日乘方釋例五卷成」一行．

家，著衡齋算學第一册有嘉慶二年(1794)自序，其第二册成於戊午(1798)春，第三册成於戊午(1798)秋，第四册成於己未(1799)，第五册成於辛酉(1801)，時在揚州，第六册成於辛酉(1801)時在六安，歲癸亥(1803)以館穀所入，自刻衡齋算學六册，後又續成第七册．歿後其門人夏燮爲校刻衡齋遺書九卷，與衡齋算學七卷，并傳於世。(註一)

(七)李銳　李銳(1768—1817)字尚之，號四香，元和人．幼從書塾中檢得算法統宗，心通其義，遂爲九章八線之學．嘗校測圓海鏡十二卷，又校益古演段三卷(1797)，復從同邑顧廣圻處數學九章，亦加校算．四元玉鑑晚出，李銳雖亦見及，時已疾作，校讎數段，僅及天元．李銳自著方程新術草一卷，句股算術細草一卷(1806)，弧矢算術細草一卷，李銳因秦九韶之法，作開方說三卷，甫及上中二卷而卒，其徒黎應南續成下卷，與方程新術草等書，共刻爲李氏遺書行世．先是阮元延銳輯疇人傳，以今之敬齋(李治)稱之。(註二)

(八)陳杰　陳杰字靜弇，烏程人．官至國子監算學助教，道光

(註一)　錢寶琮，「汪萊衡齋算學評述」引焦循，汪君孝嬰別傳，附衡齋遺書後，及羅士琳續疇人傳卷五十，汪萊傳．見國立浙江大學科學報告，第二卷第一期，民國二十五年(1936)一月．

(註二)　阮元疇人傳，李銳傳．光緒九年(1883)蘇州府志卷九十．清史列傳卷六十九，李銳傳．

十九年(1839)以足疾解組歸田。著有緝古算經細草一卷,圖解三卷,□義一卷(1815),算法大成上編十一卷(1823年刻)。(註一)

(九)沈欽裴 沈欽裴字俠侯,號狎鷗,元和人。嘉慶十二年(1807)舉人。曾校正李潢九章算術細草九卷,補演海島算經一卷,又曾校數學九章,四元玉鑑各若干卷。所著四元玉鑑細草,至癸未(1823)夏中止,僅及中卷,而欽裴已補荆溪教官,此事遂擱,計共成四册,張文虎(1808—1885)尚見及之。現傳稿本有道光九年(1829)自序,今藏北平松坡圖書館中。(註二)

(十)駱騰鳳 駱騰鳳(1770—1841)字鳴岡,號春池,山陽人。嘉慶六年(1801)舉人。好讀書,尤精疇人之術。著開方釋例四卷(1815),藝游錄二卷(1815)。遺稿由其壻何錦於道光二十三年(1843)校刻行世。(註三)

(十一)羅士琳 羅士琳(?—1853)字次璆,號茗香,甘泉人。曾遊京師。嘗考取天文生。初從其舅秦恩復受舉子業,已乃盡棄去,專力步算,博覽疇人之書。道光壬午(1822)試京兆,始於漢陽葉繼雯處見四元玉鑑原書。癸未(1823)假得黎應南所藏鈔

(註一) 諸可寶疇人傳三編卷三,陳杰傳.

(註二) 諸可寶疇人傳三編卷三,沈欽裴傳.鈔本四元細草六册,北平松坡圖書館.

(註三) 諸可寶疇人傳三編卷三,駱騰鳳傳,引開方釋例,藝游錄,舒藝雜著甲編.

本，同時龔自珍(1792—1841)又以何元錫(1766—1804)刻本四元玉鑑見贈，乃着手爲之補草。研究一紀(1823—1835)，補成全草．共爲四元玉鑑細草二十四卷，前有道光甲午(1835)校勘記一篇．羅草於甲午(1835)畢業，丁酉(1837)增訂．由同邑易之瀚校算，一時知算，如徐有壬，黎應南幷與商榷．羅有補增開方，天元，四元釋例共一卷(1838)，易有開方，天元，四元釋例三則，共一卷，附於細草．羅士琳於細草四元外，又校正朝鮮重刊本算學啓蒙三卷(1839)，自箸句股容三事拾遺三卷，附例一卷(1826)，演元九式一卷(1827)，臺錐演積一卷(1837)，三角和較算例一卷(1840)，續疇人傳六卷(1860)，弧矢算術補一卷(1843)．以上各書，刊入觀我生室彙稿中。又句股截積和較算例二卷，刊入連筠簃叢書中．(註一)

(十二)項名達　項名達(1789—1850)原名萬準，字步來，號梅侶仁和人．嘉慶二十一年(1816)舉人，道光六年(1826)成進士．著有句股六術一卷(1825)，後附弧三角和較算例；三角和較術一卷(1843)；開諸乘方捷術一卷，象數一原六卷(即象數原始)，附算律管新術．又有橢圜求周術一卷，其圖解一卷，則爲戴煦(1805—1860)所補．(註二)

(註一)　疇人傳三編卷四，羅士琳傳．

(註二)　疇人傳三編卷三，項名達傳．

(十三)董祐誠　董祐誠(1791—1823).字方立,陽湖人.嘉慶二十三年(1818)應順天鄉試,中式經魁,初名曾臣,鄉試後更今名.著有割圜連比例圖解三卷(1819),橢圜求周術一卷,斜弧三邊求角補術一卷,堆垛求積術一卷(1821).(註一)

(十四)徐有壬　徐有壬(1800—1860).字君青,亦字鈞卿,烏程人.用宛平寓籍舉京兆試.道光九年(1829)進士,官至江蘇巡撫著有四元算式一卷,割圜密率三卷,橢圜正術一卷,弧三角拾遺一卷,造各表簡法一卷,(錢國寶刊本作造表簡法,續刊本作垛積招差),截球解義一卷,橢圜求周術一卷,割圜八線綴術四卷(原作三卷),堆垛測圜三卷,圜率通考一卷.(註二)

(十五)戴煦　戴煦(1805—1860)初名邦棣,字鄂士,號鶴墅,又號仲乙,錢塘人.自道光乙巳(1845)至咸豐壬子(1852),凡八易寒暑,演錄對數簡法,外切密率,假數測圓三種,總名曰求表捷術.曾著四元玉鑑細草若干卷(1826),圖解明暢.溆浦陳棠請業於新化鄒伯宗,曾於其處見戴氏玉鑑細草鈔本.項名達著象數一原曾由戴煦續成七卷.(註三)

95. 圜率解析法之研討　割圜八線在清初因西洋學說之輸

(註一)　阮元疇人傳卷五十一,董祐誠傳.清史列傳卷七十三,董祐誠傳.

(註二)　疇人傳三編卷四徐有壬傳.光緒十五年(1889)順天府志引「戴望江蘇巡撫徐公行狀.」

(註三)　疇人傳三編卷四,戴煦傳.

入，曾引起若干學者之硏討．數理精蘊(1723 刻)曾以圓內容六邊，四邊，圓外切六邊，四邊，算圓率之值．又於下編卷十六「割圓八線」內載有「有本弧之正弦，求其三分之一弧之正弦」一術．卽令 r 爲圓半徑，已知 c 爲圓內 α 角之通弦，求 c_3 爲圓內 3α 之通弦。以幾何法證得：

$$c_3=3c-\frac{c^3}{r^2}.$$

卽
$$\sin 3\alpha=3\sin\alpha-4\sin^3\alpha.$$

至汪萊衡齋算學第三册(1798)則以幾何法續求 c_5 爲圓內 5α 之通弦之值，得：

$$c_5=5c-5\frac{c^3}{r^2}+\frac{c^5}{r^4}.$$

卽
$$\sin 5\alpha=5\sin\alpha-20\sin^3\alpha+16\sin^5\alpha.$$

至明安圖遺著割圜密率捷法由其弟子陳際新所續成者(1774)於道光己亥(1839)始由天長岑氏刊刻行世．首以已知 c，用幾何法求得 c_2, c_3, c_4, c_5 之值，次以代數法遞求 $c_{10}, c_{100}, c_{1000}, c_{10000}$ 各值，再由歸納法證得：杜氏九術中

（四）　弧背求通弦，

$$c=2a-\frac{(2a)^3}{4\lfloor 3\cdot r^2}+\frac{(2a)^5}{4^2\cdot\lfloor 5\cdot r^4}-\frac{(2a)^7}{4^3\cdot\lfloor 7\cdot r^6}+\frac{(2a)^9}{4^4\cdot\lfloor 9\cdot r^8}-\cdots,$$

$$c=\sum_{1}^{\infty}(-1)^{n+1}\frac{(2a)^{2n-1}}{4^{n-1}\cdot r^{2(n-1)}(2n-1)!}.\qquad\text{(IV)}$$

及(六)　通弦求弧背，

$$2a=c+\frac{1^2\cdot c^3}{4\,\lfloor 3\cdot r^2}+\frac{1^2\cdot 3^2\cdot c^5}{4^2\cdot\lfloor 5\cdot r^4}+\frac{1^2\cdot 3^2\cdot 5^2\cdot c^7}{4^3\cdot\lfloor 7\cdot r^6}$$

$$+\frac{1^2\cdot 3^2\cdot 5^2\cdot 7^2\cdot c^9}{4^4\cdot\lfloor 9\cdot r^8}+\cdots\cdots,$$

或，$$2a=\sum_{1}^{\infty}\frac{1^2\cdot 1^2\cdot 3^2\cdots(2n-5)^2(2n-3)^2}{4^{n-1}\cdot r^{2(n-1)}(2n-1)!}c^{2n-1}.\qquad\text{(VI)}$$

及(二)　弧背求正弦。

$$\sin a=a-\frac{a^3}{\lfloor 3\cdot r^2}+\frac{a^5}{\lfloor 5\cdot r^4}-\frac{a^7}{\lfloor 7\cdot r^6}+\frac{a^9}{\lfloor 9\cdot r^8}-\cdots\cdots,$$

或，$$\sin a=\sum_{1}^{\infty}(-1)^{n+1}\frac{a^{2n-1}}{r^{2(n-1)}\cdot(2n-1)!}.\qquad\text{(II)}$$

其次則割圜密率捷法於已知 r 爲圜半徑，v 爲圜內 a 角之正矢，求 v_2, v_3, v_4, v_5 爲圜內 $2a, 3a, 4a, 5a$ 角之正矢。以幾何法證得之値，可書爲：

$$\cos 2a=2\cos^2 a-1,$$

$$\cos 3a=4\cos^3 a-3\cos a,$$

$$\cos 4a=8\cos^4 a-8\cos^2 a+1,$$

$$\cos 5a=16\cos^5 a-20\cos^3 a+5\cos a.$$

如前以代數法遞求 v_{10}, v_{100}, v_{1000}, v_{10000} 各値，再由歸納法證

得:

（三）　弧背求正矢,

$$\operatorname{vers}\alpha=\frac{a^2}{\lfloor 2\cdot r}-\frac{a^4}{\lfloor 4\cdot r^3}+\frac{a^6}{\lfloor 6\cdot r^5}-\frac{a^8}{\lfloor 8\cdot r^7}+\frac{a^{10}}{\lfloor 10\cdot r^9}-\cdots,$$

或　$$\operatorname{vers}\alpha=\sum_1^\infty(-1)^{n+1}\frac{a^{2n}}{r^{2n-1}(2n)!}. \qquad \text{(III)}$$

（八）　正矢求弧背,

$$a^2=r\left\{(2\operatorname{vers}\alpha)+\frac{1^2(2\operatorname{vers}\alpha)^2}{3\cdot4\cdot r}+\frac{1^2\cdot2^2(2\operatorname{vers}\alpha)^3}{3\cdot4\cdot5\cdot6r^2}+\frac{1^2\cdot2^2\cdot3^2\cdot(2\operatorname{vers}\alpha)^4}{3\cdot4\cdot5\cdot6\cdot7\cdot8r^3}+\cdots\cdots\right\}.$$

或　$$a^2=2r\sum_1^\infty\frac{1^2\cdot1^2\cdot2^2\cdot3^2\cdots\cdots(n-2)^2(n-1)^2}{r^{n-1}\cdot(2n)!}(2\operatorname{vers}\alpha)^n. \qquad \text{(VIII)}$$

其他杜氏各式,并可代入求得.

稍後於汪萊者則安清翹(1759—1830)矩線原本(1818)亦另設圖形以證:

$$\sin 5\alpha=5\sin\alpha-20\sin^3\alpha+16\sin^5\alpha.$$

董祐誠(1791—1823)割圜比例圖解(1819)立有「以弦求弦」,「以矢求矢」四則,稱此四術爲立法之原,杜氏九術,由此推衍而歸於簡易.另設幾何法以證各式,即:

(1) 有通弦求通弧加倍幾分之通弦,[凡弦之倍分,皆取奇數],

$$c_m = mc - \frac{m(m^2-1^2)c^3}{4\lfloor\!\underline{3}\cdot r^2} + \frac{m(m^2-1^2)(m^2-3^2)c^5}{4^2\cdot\lfloor\!\underline{5}\cdot r^4}$$

$$-\frac{m(m^2-1^2)(m^2-3^2)(m^2-5^2)c^7}{4^3\cdot\lfloor\!\underline{7}\cdot r^6} + \cdots, \qquad \text{(X)}$$

(2) 有矢求通弧加倍幾分之矢，［凡矢之倍分，奇偶通用］，

$$\operatorname{vers} m\,\alpha = m^2(\operatorname{vers}\alpha) - \frac{m^2(4m^2-4)2(\operatorname{vers}\alpha)^2}{4\cdot 3\cdot 4\cdot r}$$

$$+\frac{m^2(4m^2-4)(4m^2-16)2^2(\operatorname{vers}\alpha)^3}{4^2\cdot 3\cdot 4\cdot 5\cdot 6\cdot r^2} - \cdots,$$

(XI).

(3) 有通弦求幾分通弧之一通弦，［此亦取奇數］，

$$c_{\frac{1}{m}} = \frac{c}{m} + \frac{(m^2-1)c^3}{4\lfloor\!\underline{3}\cdot m^3 r^2} + \frac{(m^2-1)(9m^2-1)c^5}{4^2\cdot\lfloor\!\underline{5}\cdot m^5\cdot r^4}$$

$$+\frac{(m^2-1)(9m^2-1)(25m^2-1)c^7}{4^3\cdot\lfloor\!\underline{7}\cdot m^7\cdot r^6} + \cdots, \qquad \text{(X)}a.$$

(4) 有矢求幾分通弧之一矢，［此亦奇偶通用］，

$$\operatorname{vers}\frac{1}{m}\alpha = \frac{(\operatorname{vers}\alpha)}{m^2} + \frac{(4m^2-4)2(\operatorname{vers}\alpha)^2}{4\cdot 3\cdot 4\cdot m^4\cdot r}$$

$$+\frac{(4m^2-4)(4\cdot 4m^2-4)2^2(\operatorname{vers}\alpha)^3}{4^2\cdot 3\cdot 4\cdot 5\cdot 6\cdot m^6\cdot r^2} + \cdots,$$

(XI)a.

項名達(1789—1850)象數一原(1846)則另設下之三式爲本術，不獨杜氏九術，可由此推衍；而董氏四術，亦可由此推衍，三式者，即：

$$c_{\frac{n}{m}}=\frac{n}{m}c_m-\frac{n(n^2-m^2)(c_m)^3}{4\cdot\lfloor 3\cdot m^3\cdot r^2}+\frac{n(n^2-m^2)(n^2-m^2\cdot 3^2)(c_m)^5}{4^2\lfloor 5\cdot m^5\cdot r^4}$$

$$-\frac{n(n^2-m^2)(n^2-m^2\cdot 3^2)(n^2-m^2\cdot 5^2)(c_m)^7}{4^3\cdot\lfloor 7\cdot m^7\cdot r^6}+\cdots,$$

$$b_{\frac{n}{m}}=\frac{n}{m}b_m-\frac{n^2(n^2-m^2)(b_m)^2}{3\cdot 4\cdot m^4\cdot r}+\frac{n^2(n^2-m^2)(n^2-m^2\cdot 2^2)(b_m)^3}{3\cdot 4\cdot 5\cdot 6m^6\cdot r^2}$$

$$-\frac{n^2(n^2-m^2)(n^2-m^2\cdot 2^2)(n^2-m^2\cdot 3^2)}{3\cdot 4\cdot 5\cdot 6\cdot 7\cdot 8\cdot m^8\cdot r^4}+\cdots,$$

及

$$\text{vers}\frac{n}{m}\alpha=\frac{n^2(2\text{ vers } m\,\alpha)}{\lfloor 2\cdot m^2}-\frac{n^2(n^2-m^2)(2\text{ vers } m\,\alpha)^2}{\lfloor 4\cdot m^4\cdot r}$$

$$-\frac{n^2(n^2-m^2)(n^2-m^2\cdot 2^2)(2\text{ vers } m\,\alpha)^3}{\lfloor 6\cdot m^6 r^2}$$

$$-\frac{n^2(n^2-m^2)(n^2-m^2\cdot 2^2)(n^2-m^2\cdot 3^2)(2\text{ vers } m\,\alpha)^4}{\lfloor 8\cdot m^8\cdot r^3}$$

$$+\cdots\cdots.$$

戴煦(1805—1860)外切密率(1852)則證下數式，即：

$$\tan\alpha=a+\frac{2a^3}{\lfloor 3\cdot r^2}+\frac{16a^5}{\lfloor 5\cdot r^4}+\frac{272a^7}{\lfloor 7\cdot r^6}+\frac{7936a^9}{\lfloor 9\cdot r^8}+\cdots,$$

(Gregory, 1671),

$$\sec\alpha=r+\frac{a^2}{\lfloor 2\cdot r}+\frac{5a^4}{\lfloor 4\cdot r^3}+\frac{61a^6}{\lfloor 6\cdot r^5}+\frac{1385a^8}{\lfloor 8\cdot r^7}+\frac{50521a^{10}}{\lfloor 10\cdot r^9}$$

$$+\cdots\cdots,$$ (Gregory, 1671),

$$a=\tan a-\frac{\tan^3 a}{3\cdot r^2}+\frac{\tan^5 a}{5\cdot r^4}-\frac{\tan^7 a}{7\cdot r^6}+\cdots,$$

(Gregory, 1671).

徐有壬(1800—1860)著割圜密率三卷，未記年月。咸豐壬子(1852)戴煦自序外切密率稱鈞卿徐(有壬)有切線弧背互求二術，觀此則測圜密率之成，蓋在壬子(1852)前矣。及徐氏卒後，吳嘉善衍爲三卷，時在同治元年(1862)。

96. 最近世之級數論 清初官書數理精蘊(1723)論及級數作法，而私家陳世仁(1676—1722)亦有少廣補遺之作。至最近世期汪萊(1768—1813)衡齋算學第四册(1799)有「遞兼數理」，所謂三角堆卽形數(Figurate numbers)，因臚舉下列各式：

$$\sum_1^n n=\frac{n(n+1)}{2!}$$

$$\sum_1^n\frac{n(n+1)}{2!}=\frac{n(n+1)(n+2)}{3!}$$

$$\sum_1^n\frac{n(n+1)(n+2)}{3!}=\frac{n(n+1)(n+2)(n+3)}{4!}$$

$$\sum_1^n\frac{n(n+1)(n+2)(n+3)}{4!}=\frac{n(n+1)(n+2)(n+3)(n+4)}{5!}$$

……………………………………………

$$\sum_{1}^{n}\frac{1}{(r-1)!}n(n+1)(n+2)\cdots\cdots(n+r-2)$$

$$=\frac{1}{r!}n(n+1)(n+2)\cdots\cdots(n+r-1).$$

董祐誠則於割圜連比例(1819)，及堆垛求積術(1821)舉有下列各式:

$$\sum_{1}^{n}\frac{n(2n+0)}{2!}=\frac{n(n+1)(2n+1)}{3!}$$

$$\sum_{1}^{n}\frac{n(n+1)(2n+1)}{3!}=\frac{n(n+1)(n+2)(2n+2)}{4!}$$

$$\sum_{1}^{n}\frac{n(n+1)(n+2)(2n+2)}{4!}=\frac{n(n+1)(n+2)(n+3)(2n+3)}{5!}$$

$$\sum_{1}^{n}\frac{n(n+1)(n+2)(n+3)(2n+3)}{5!}$$

$$=\frac{n(n+1)(n+2)(n+3)(n+4)(2n+4)}{6!}$$

…………………………………………………………

$$\sum_{1}^{n}\frac{n(n+1)(n+2)\cdots\cdots(n+r-2)\{2n+r(m-1)+(r-2)\}}{r!}$$

$$=\frac{n(n+1)(n+2)\cdots\cdots(n+r-1)\{2n+(r+1)(m-1)+(r-1)\}}{(r+1)!},$$

而 m 爲首層數。

其後羅士琳沈欽裴註釋宋元古算，李善蘭(1810—1882)華蘅芳(1833—1902)譯述西洋算法，并論及級數。

97. 最近世之方程論 方程式理論宋元算家已經詳論，但於解方程式時，祇知有一正根，其正根不止一個，或有負根，虛根者，則不復論及。數理精蘊(1723)下編卷三十三論帶縱平方(卽二次方程式)稱：「每根之數或爲長方之長，或爲長方之闊」。蓋言 $x^2-px+q=(x-a)(x-b)$ 也。至帶縱立方(卽三次方程式)根數則不復論及。至汪萊(1768—1813)始首言方程式不僅有正根，其所著衡齋算學第二册(1801)言每根之數，知不知條目，共設九十六條，以察正根之値，而方程式之無正根者概不列入。如二次方程式：

第一條	$x^2-bx-c=0,$	可知
第五條	$x^2-bx+c=0,$	不可知

「可知」卽有一正根，「不可知」卽有二正根。又三次方程式：

第五十條	$x^3+bx^2-cx-d=0,$	可知
第五十五條	$x^3-bx^2-cx+d=0,$	不可知
第五十一條	$x^3-bx^2+cx-d=0,$	可知，不可知。

「可知」卽有一正根，「不可知」卽有二正根，「可知，不可知」卽有一正根或三正根。其第七册內「審有無」則辨方程式正根之有無，如二次方程式：

$$ax^2-bx+c=0,\ \frac{c}{a}\leqq\left(\frac{b}{2a}\right)^2$$

時有二正根，又如三次方程式

$$ax^3-bx+c=0,\ \frac{c}{a}\leqq\frac{2}{3}\cdot\frac{b}{a}\left(\frac{b}{3a}\right)^{\frac{1}{2}}$$

時有二正根。

李銳(1768—1817)遺著開方說三卷，卷上首論實數符號(正負)與其正根(可開數)之關係。謂:「四次方程式上負，次正，次負，下正(－＋－＋)可開三數或一數，上負，次正，次負，下負(－＋－－)可開四數或二數。」又謂:「其二數不可開，是謂無數，凡無數必兩無無一數者，」此卽方程式論之基本性質中狄卡德符號之法則，(Descartes' rule of signs) 所謂方程式 $f(x)=0$, 之係數爲實數，則其正根與符號之變遷之數相同，或較少一偶數。又定理所若 $f(x)=0$, 之諸係數，皆爲實數，則此方程之複虛根 (Complex roots) 成對。開方說卷下又論方程式之簡單變形，卽根之符號之變換，乘以一已知數之根，或除以一已知數之根之諸問題.

98. 李善蘭，華蘅芳　國中繙譯西洋算學圖書，始於明清之際。至清季則有李善蘭(1810—1882)，華蘅芳(1883—1902)之譯述。

李善蘭字壬叔，號秋紉，海寧人。十齡通九章，十五通幾何。應試武林，得測圓海鏡，句股割圜記以歸，其學始進．道光乙巳(1845)館嘉興陸費家，獲交顧觀光(1799—1862)，戴煦(1805—1860)，張文虎(1808—1885)，汪曰楨(1812—1881)，張福禧諸人，暇輒箸書．咸豐壬子(1852)五月至滬，居大境傑閣．與西士偉烈亞力(Alexander Wylie, 1815—1887)共譯幾何原本後九卷，以六月朔爲始，凡四歷寒暑，至咸豐丙辰(1856)而畢，丁巳(1857)二月松江韓應陛爲之刊刻．善蘭在滬十年，續譯幾何原本九卷之外，又與偉烈共譯侯失勒談天(Herschel,1792—1871, Outline of Astronomy)十八卷(1859)，棣麽甘代數學(Augustus De Morgan,1806—1871,Elements of Algebra,1835)十三卷(1859)．羅密士代微積拾級(Elias Loomis, 1811—1899, Analytical geometry and Calculus, 1850)十八卷(1859)，奈端數理(Isaac Newton, 1612—1727, Principia)若干卷．又與艾約瑟(Joseph Edkins)共譯胡威立重學(William Whewell, 1794—1866, Mechanics)二十卷(1859)，曲線說一作圓錐曲線說三卷(1866)．同治六年(1867)李善蘭自序則古昔齋算學十三種，共二十四卷，由友人分校，曾國藩(1811—1872)捐金刻行，計：

南海馮焌光(1830—1878)校方圓闡幽一卷(1851刻)，

南匯張文虎(1808—1885)校弧矢啓祕二卷(1851刻)，

南匯賈步緯校對數探源二卷(1850刻)，

湘鄉曾紀澤(1839—1890)校梁積比類四卷，

第二十七圖　壬叔先生遺象

湘鄉曾紀鴻(1848—1877)校四元解二卷(1845);

烏程汪曰楨(1812—1881)校麟德術解三卷(1848),

江寧汪士鐸(1802—1889)校橢圓正術解二卷,

無錫徐壽(1818—1884)校橢圓新術一卷,

無錫華蘅芳(1830—1902)校橢圓拾遺三卷,

上元孫文川校火器真訣一卷(1858),

南豐吳嘉善校尖錐變法解一卷,

無錫徐建寅(1845—1901)校級數回求一卷,

長沙丁取忠校天算或問一卷。

善蘭所著書,在則古昔齋算學外者,有:

九容圖表七頁,在劉鐸古今算學叢書之內,

測圓海鏡解一卷.有傳鈔本。

考數根法三卷,

造整數句股級數法二卷,亦作級數句股二卷。

歲戊辰(1868)入北京同文館爲算學總教習.在館時傳刻李治測圓海鏡細草十二卷,卒葬海鹽縣牽晉橋東北。

華蘅芳(1833—1902)字若汀,江蘇金匱人.年十四便通程大位算法統宗之說.繼復探索數理精蘊及九章算術,學乃益進.又從無錫鄒安鬯受秦九韶,李治,朱世傑學說.蘅芳曾遊曾國藩幕府,因與李善蘭相善.上海江南製造局成立,蘅芳與西士傅蘭雅

(John Fryer 1839—?) 共譯英．華里司(?)代數術二十五卷(1873),微積溯源八卷(1878),英．海麻士(Hymers?)三角數理十二卷(1877),英·倫德(Thomas Lund)代數難題十六卷(1883),棣麼甘(Augustus De Morgan 1806—1871)決疑數學十卷,英·

第二十八圖　華若汀先生像

自爾尼合數術十一卷(1888).蘅芳自箸有開方別術一卷，數根術解一卷，開方古義二卷，積較演術三卷，學算筆談十二卷.算草叢存四卷,號行素軒算稿,光緒八年(1882)自刻行世.至光緒十九年(1893)刻本,有答數界限一卷,連分數學一卷,算草叢存八卷,後附華世芳恆河沙館算草二種.八卷本算草叢存視四卷本算草叢存多求乘數法,數根演古,循環小數考,算齋瑣語四種.華蘅芳著作,收入藝經齋算學叢書者,有:算學須知一卷,西算初階一卷.

華世芳(1853—1904)字若溪,蘅芳弟,亦善算學.自箸恆河沙館算草二種,尙有專術舉隅,今有術,雙套句股,三角新理等稿,存於家.

99. 中算史之工作 中算舊無專史,而中國算學家傳記,則有阮元疇人傳四十六卷(1799),羅士琳續疇人傳六卷,(1840),華世芳近代疇人著述記一卷(1884),諸可寶疇人傳三編七卷,(1886)黃鍾駿疇人傳四編十一卷,(189.),前後六十餘萬言,引用書籍四百餘種.阮元(1764—1848)於乾隆乙卯(1795)始與李銳(1768—1817),周治平共著疇人傳四十六卷,於嘉慶己未(1799)完成.一時善算如錢大昕(1728—1804),丁杰(1738—1807),凌廷堪(1755—1809),談泰,焦循(1763—1820)幷與校訂.所舉清代疇人凡五十人,附見十一人.道光二十年(1840)羅士琳續成續疇人傳由卷四十七至五十二，凡六卷．所舉清代疇人凡二十九人，附見七人．時則阮元在家食俸，尙爲製序。光緒十年(1884)華世芳(1854—1904)因「疇人傳自羅茗香續後，未有再續者，近時算家著述序跋，足繼前賢，而開後學者，頗不乏人」，因著近代疇人著述記一卷，所收清代疇人，都爲二十八人，附見者五人，凡三十三人．光緒十二年(1886)錢塘諸可寶著疇人傳三編，其序目稱：「阮先羅後，疇人列傳，訖今甲申(1884)，垂五十年。聰明才智，我有人焉．茗香(羅士琳)四元，梅侶(項名達)句股，莊愍(徐有壬)橢圜，戴(煦)，顧(觀光)對數，宮簿(夏鸞翔，1823—1864)紬解致曲，洞方，徵君(鄒伯奇，1819－1869)妙用繪畫測量，秋紉(李善蘭，1810—1882)集成，必則古昔；駕乎泰西，我書彼譯，[語見戴先生傳]，凡茲君子，度越前朝，蒙之纂續，庸備芻蕘」，「爲書七篇，凡得續補遺二十九人，附見二十二人，後續補三十一人，附見二十五人；附記又二人．後附錄，名媛三人，西洋十一人，附見四人，附記東洋又一人，總百二十有八人云．」至光緒戊戌(1898)澧州黃鍾駿撰疇人傳四編共十一卷，由華蘅芳(1830—1902)鑒定．所收清代疇人凡三十六人，附見者四人云。

100.　教會算學教育　清末算學教育，首由教會提倡。道光十九年(1839)蒲倫博士 (Dr. R. S. Brown) 設一學校於澳門教授華人子弟．此後道光二十五年(1845)美國聖公會主教文氏立學校於上海，後名約翰書院，同治十年(1871)又立一校於武昌後稱文華書院．同治三年(1864)美國長老會狄考文 (Rev. Calvin W. Mateer) 設文會館於山東登州，同治五年(1866)英國浸禮會設廣德書院於青州，後二校合併爲廣文學堂改設濰縣．同治十三年(1874)英總領事麥君華陀及傅蘭雅 (Dr. John Fryer) 設格致書院於上海．光緒十四年(1888)美國美以美會設匯文書院於北京，十九年(1893)公理會設潞河書院於通縣，後兩校合併爲燕京大學，光緒七年(1881)美國監理會林樂知設中西書院於上海．該會又於光緒二十三年(1897)設中西書院於蘇州，至二十七年(1901)與該地之博習書院，合併爲東吳大學．美國長志會自光緒十一年(1885)即在廣州，澳門諸地建設學校，其格致書院於光緒二十七年(1901)改嶺南學校，至光緒三十年(1904)又改爲嶺南大學．此英美耶穌教士最近世期在華設學之大概也．至天主教士在中國，則於每教區設立天主教啓蒙學校 (Ecoles de Catechumen)．道光三十年(1850)開辦徐匯公學 (College de St. Ignace de Zi-Ka-Wei)，又設聖芳濟學校(College de Francis Xavier)．光緒二十九年(1903)京師譯學館以戊戌(1898)政變停辦，由蔡元培等商請耶穌會創辦震旦學校(Université L'aurore)於上海．

是時學校初立，教科圖書缺乏，英美法意教士，因自編教科圖書，以應此需要，計：

（一）　耶穌教士編譯本：

心算初學六卷，登州哈師娘撰。

心算啓蒙十五章一卷，美國那夏禮輯譯 1886 年上海美華書館鉛印本。

西算啓蒙無卷數，1885 年譯印本。

數學啓蒙二卷，英國偉烈亞力(Alexander Wylie, 1815—1887)撰，1853 年，偉烈亞力序刻本。

筆算數學三册，美國狄考文 (Rev. Calvin W. Mateer) 鄒立文同撰，1892 年狄考文自序鉛印本。

代數備旨十二卷，美狄考文撰，鄒立文，生福維同譯，1891 年美華書館鉛印本。

代數備旨下卷十一章，美狄考文遺著，范震東據遺稿校，1902 年會文編輯社石印本。

形學備旨十卷，美魯米斯 (Loomis) 原撰，美狄考文鄒立文，劉永錫同譯，1884 年美華書館鉛印本。

八線備旨四卷，美羅密士 (Loomis) 原撰，美潘慎文 (Rev. A. P. Parker) 選譯，謝洪賚校錄，1893 年潘慎文序，美華書館鉛印本。

代形合參三卷，美羅密士原撰，美潘慎文選譯，謝洪賚校錄，1893年美華書館鉛印本。

圓錐曲線無卷數，美路密司 (Loomis) 原撰，美求德生口譯，劉維師筆述，1893年美華書館鉛印本。

格致須知內量法須知 (1887)，代數須知 (1877)，三角須知 (1888)，微積須知(1888)，曲線須知(1888)英.傅蘭雅撰。

（二） 天主教士編譯本。

課算指南無卷數，天主教啓蒙學校用書，今已絕版。

課算指南教授法無卷數，同上用書，今已絕版。

數學問答無卷數，余賓王 (P. F. Scherer, S. J.) 撰，1901年匯塾課本，上海土山灣書館鉛印本。

量法問答無卷數，余賓王撰，同上書館鉛印本。

代數問答無卷數，余賓王撰，1903年同上書館鉛印本，

代數學無卷數, Carlo Bourlet 撰，雲翔譯，1928 年同上書館二次印本，

幾何學，平面無卷數, Carlo Bourlet 撰，戴運江譯，1913年同上書館鉛印本。

據教育大辭書則基督教教徒於光緒三年 (1877) 會舉行傳教士大會，并組織學校教科書委員會，光緒十六年(1890)又創辦中國教育會於上海，編譯出版各種教科書，及討論解決中國一

般教育問題。(註一)同時新教育事業，多有西教士插足其間，如同文館館長即爲丁韙良博士 (Dr. W. A. P. Martin)，又光緒二十四年(1898)間美人李佳白，狄考文曾建議設立總學堂，爲京師大學堂設立之先聲。而天津北洋大學，及上海南洋公學初立之時，幷得西人之助云。

101. 清末算學制度　清末興學始於同治元年(1862)，是年八月設立同文館於北京，二年(1863)諭設廣方言館於廣東。同文館期限八年，於算學則第四年課數理啓蒙，代數學；第五年課幾何原本，平三角，弧三角；第六年課微分積分。廣方言館則午後卽學算術。無論筆算，珠算，先從加減乘除入手。繼則有海陸軍專門學校之設立。而小學校，普通學校同時設立，但學制尙未確定，教科亦無專書。至光緒二十四年(1898)始下定國是之上諭，催各省辦高等，中等學校及小學，義學，社學。幷籌辦京師大學堂。是年八月慈禧太后幽禁德宗於瀛臺，九月停止各省書院改建學校之舉。至光緒二十六年(1900)拳禍作，大學停辦。至二十七年(1901)十二月辦學之議復興，時科舉尙未廢也。至光緒二十八年，二十九年(1902—1903)始定學堂章程，光緒三十一年(1905)始廢科舉。宣統二年(1910)十一月清廷又改學制，將初等小學，高等小學，幷定爲四年畢業，比較光緒二十九年(1903)

(註一)　見教育大辭書第98，99頁.

制度，則宣統二年(1910)制，初等小學算術時間減少，高等小學算術時間加多，宣統二年十二月二十六日學部又奏改中學堂爲文實兩科，奉旨依議是爲清末算學教育制度施行之尾聲。至民國成立(1912)中國算學教育始步入新領域。而清末算學制度施行較久者爲光緒二十九年(1903)制，就中初等小學堂，高等小學堂，中學堂，高等學堂所課算學，規定如下：

(一) 初等小學堂 七歲入學 五年畢業

第一年 算術(1週6時)。數目之名，實物計數 二十以下之算數 書法 記數法 加減

第二年 算術(1週6時)。 百以下之算數 書法 記數法 加減乘除

第三年 算術(1週6時)。 常用之加減乘除。

第四年 算術(1週6時)。 通用之加減乘除。小數之書法 記數法 珠算之加減

第五年 算術(1週6時)。 通用之加減乘除 簡易之小數。 珠算之加減乘除

(二) 高等小學堂 十一歲入學 四年畢業。

第一年 算術(1週3時) 加減乘除 度量衡貨幣及時之計算。 簡易之小數

第二年 算術(1週3時) 分數 比例 百分數 珠算之加

減乘除。

第三年　算術(1週3時)　小數　分數　簡易之比例　珠算之加減乘除。

第四年　算術(1週3時)　比例　百分算　求積　日用簿記　珠算之加減乘除。

(三)　中學堂　十五人學　五年畢業

第一年　算術(1週4時)

第二年　算術,代數,幾何,簿記(1週4時)

第三年　代數,幾何(1週4時)

第四年　代數,幾何(1週4時)

第五年　幾何.三角(1週4時)

(四)　高等學堂　分三科:甲,為預備入文法科,三年畢業,第一三年不授算學,第二年授算學中代數,及解析幾何,每週二時;乙,為預備入工科,三年畢業,第一年每週授代數,解析幾何,五時;第二年每週授解析幾何,三角,四時;第三年每週授微分,積分,六時;丙,為預備入醫科,第一年每週授代數,解析幾何,四時,第二年每週授解析幾何,微分積分,二時,第三年不授算學,此其大較也。

102.　**算學教科書籍**　李善蘭(1810—1882)華衡芳(1833—1902)所譯各算書,并當時耶穌教士,天主教士,所編譯各算書,同爲學制未立前各學校所採用,其中以筆算數學(1892),代數備旨(1891),形學備旨(1884),代形合參(1893),代微積拾級(1859)等書,應用最廣,且有編爲細草,而編者又不止一人,亦足以見其流傳之廣.至小學校所用之教科書,先有蒙學課本,次有蒙學讀本.最後有商務印書館之最新教科書.光緒二十三年(1897)盛宣懷奏設南洋公學於上海,內分師範院,上院,中院,外院四部.外院卽小學.并由師範院自編蒙學課本,以供外院學生應用,開中國小學教科書之新紀元.光緒二十四年(1898)俞復等創設三等公學堂於無錫.編有蒙學讀本.光緒二十八年(1902)俞復等復創辦文明書局於上海,將三等公學堂之蒙學讀本印刷出版,是爲商人編印教科書之始.癸卯(1903)之春,商務印書館依蔡元培之計畫,編輯小學教科書,由徐嶲(隽人)任算學.(註一)是時學制系統已經確立,教授算法標準亦已確知,教科書籍,公私編輯不止一處,因有審查教科書之舉.光緒三十二年(1906)四月學部定本學部第一次審定初等小學暫用書目,稱:

(註一) 見蔣維喬「編輯小學教科書之回憶」,出版週刊新一百五十六號,第9-11頁.

蔣維喬「高公夢旦傳」東方雜誌第三十三卷,十八號,第11—14頁,民國二十五年九月,上海.

丁致聘:中國近七十年教育紀事第11頁,「光緒二十八年(1902)條」引「商務印書館創編教科書之經過」[商務印書館鈔稿].

「初等小學

最新初等小學筆算教科書五册　陽湖徐寯編　學生用　商務印書館本

最新初等小學筆算教科書教授法五册　陽湖徐寯編　教員用　商務印書館本

至第七至第十學期教員,可參用:

蒙學珠算教科書一册　文明書局編　文明書局本

初等小學珠算入門二册　山陰杜就田編　商務印書館本。

一,二學期教員,則可參用:

心算教授法一册　直隸學務處編　直隸學務處本」

而中等教科書則多翻譯外籍,而以日本爲尤多。日本澤田吾一,田中矢德,上野清,菊池大麓(1855—1917),白井義督,三輪桓一,原濱吉,樺正董,遠藤又藏,松岡文太郎,奥平浪太郎,宮崎繁太郎,三木清二,渡邊政吉,竹貫登代多;及密爾(Milne),查理斯密(Charles Smith),費烈伯及史德朗(A. W. Phillips and W. M. Strong),克濟氏(John Casey),突罕德(Isaac Todhunter),溫特渥斯(G. A. Wentworth)翰卜林,斯密士(Hamblin Smith),駱賓生(Robinson)等人之算書譯本,幷流行於國中。

敬 啟

“民國專題史”叢書，乃民國時期出版的著名學者、專家在某一專題領域的學術成果。所收圖書絶大部分著作權已進入公有領域，但仍有極少圖書著作權還在保護期内，需按相關要求支付著作權人或繼承人報酬。因未能全部聯系到相關著作權人，請見到此説明者及時與河南人民出版社聯系。

聯系人 楊光
聯系電話 0371-65788063